新手学 JavaFX

(美) J.F. DiMarzio 著

梁 凯 译

清华大学出版社

北 京

J.F.DiMarzio
JavaFX：A Beginner's Guide
EISBN：978-0-07-174241-2

图书在版编目(CIP)数据

新手学 JavaFX/(美)蒂马尔齐奥(DiMarzio, J. F.) 著；梁凯 译. —北京：清华大学出版社，2012.3
ISBN 978-7-302-27924-2

Ⅰ. 新…　Ⅱ. ①蒂…　②梁…　Ⅲ. JAVA 语言－程序设计　Ⅳ. TP312

中国版本图书馆 CIP 数据核字(2012)第 008983 号

责任编辑：王　军　于　平
装帧设计：牛艳敏
责任校对：蔡　娟
责任印制：李红英

出版发行：清华大学出版社
网　　址：http://www.tup.com.cn，http://www.wqbook.com
地　　址：北京清华大学学研大厦 A 座　　**邮　　编**：100084
社 总 机：010-62770175　　**邮　　购**：010-62786544
投稿与读者服务：010-62776969，c-service@tup.tsinghua.edu.cn
质 量 反 馈：010-62772015，zhiliang@tup.tsinghua.edu.cn
印 刷 者：北京鑫丰华彩印有限公司
装 订 者：三河市新茂装订有限公司
经　　销：全国新华书店
开　　本：185mm×260mm　　**印　　张**：16.25　　**字　　数**：375 千字
版　　次：2012 年 3 月第 1 版　　**印　　次**：2012 年 3 月第 1 次印刷
印　　数：1～3000
定　　价：39.00 元

产品编号：043162-01

作 者 简 介

作者 J.F. DiMarzio 撰写过 8 本开发与架构方面的书籍。他出生在马萨诸塞州波士顿，20 世纪 90 年代前往 Central Florida 并投身于新兴技术市场。现在他作为一家财富 500 强公司的资深电子商务开发人员，领导着网络和移动设备开发资源部。他的作品包括 *The Debugger's Handbook* 和 *Android: A Programmer's Guide*，已作为教科书翻译成多国语言，销往世界各地。

技术编辑简介

Joshua Flood 从事专业的动态 Web 应用程序开发和技术支持数十年，精通多种技术，包括 JavaFX、Java Servlet、JavaScript、PHP、Perl 和 Flex。从小型独立网站到大规模动态 Web 内容交付系统，Joshua 拥有丰富的各类网站开发经验。此外，他还帮助架构了可扩展的高可用性网站，该网站为客户处理世界各地的交通。

致　　谢

在这里我要感谢参与创作本书的每一个人：我的经纪人 Neil Salkind、Joya、Megg 和 McGraw-Hill 的工作人员、Josh Flood、Bart Reed，还有 Glyph International 的 Tania Andrabi 以及 Studio B 的全体人员。

同时也衷心感谢我的家人——Suzannah、Christian、Sophia 和 Giovanni，还有我的合作伙伴 Jeanwill、Jeff、Tyrone、Larry、Steve、Rodney、Kelly、Soma、Eric、Orlando、Michelle、Matt、Nishad、Sarah 以及 Central Florida 的同事和那些没有记住名字的人们。

前　　言

欢迎阅读《新手学 JavaFX》。本书是带你进入激动人心的 JavaFX 开发新前沿的最好开始。JavaFX 是一种富环境工具，学习 JavaFX 是每个想为用户创造身临其境式的交互环境的开发者所必需的。

本书以合理的方式带你学习 JavaFX，首先解释 JavaFX 背后的技术，很快转到安装 JavaFX 开发环境和工具。虽然 JavaFX 有多种开发环境可用，但是本书的重点是讲解 NetBeans 的基础知识。NetBeans 提供了丰富的、功能齐全的产品，同时它简单易学，能让你在短时间内掌握 JavaFX。

多数章节中包含了“试一试”部分，它有助于实践学过的知识。“试一试”部分像教科书的结构一样，为你呈现了自己要完成的任务。此外，每章都有“自测题”部分，提供了 10 道测验题来巩固学过的知识。充分利用章节问题和“试一试”部分的练习，将为你提供很好的机会来完善新学到的技能和创建自己的应用程序。

虽然本书不是高级程序员参考手册，但你也应该具备一定的技能，以便从《新手学

JavaFX》中获得更多的知识，这其中最主要的是 Java 编程基础。Java 类和基本类型的知识将有助于你更容易了解本书的一些概念。虽然主要是在 JavaFX 脚本中编写 JavaFX 环境，但也可以使用 Java 来增强这些环境的功能。

目　　录

第 1 章

JavaFX 简介

重要技能与概念：

- 安装 JavaFX
- 安装 NetBeans
- 使用 NetBeans

欢迎阅读《新手学 JavaFX》。相信你一定急于开始那令人兴奋的 JavaFX 开发之旅，本书将是你完美的开始。开始之前你需要拥有一个全功能的开发环境。本章将介绍创建和设置一个 JavaFX 开发环境所需的基本知识，这个开发环境使你能够创建令人兴奋的富交互式应用程序。本章也将回答一些问题：什么是 JavaFX 以及它的工作原理。

1.1 JavaFX 的概念

如果你曾经玩过 Adobe Flash 游戏或看到过 Microsoft Silverlight 应用程序，那么你对 JavaFX 的概念就会有很好的了解。尽管将 JavaFX 和其他环境相比较不太合理，但如果你以前从未了解过 JavaFX，就必须这样做。

JavaFX 为用户提供了与 Flash 或 Silverlight 极为类似的全功能的交互式体验。然而 JavaFX 和其他技术的一个主要区别是它与平台无关。由于 JavaFX 与 Java Runtime(Java 运行时)完全集成，任何可运行 Java 的系统或设备都支持 JavaFX。

说明：
目前 JavaFX 开发环境能部署到台式机、网络以及电视和移动设备上。

1.2 开发 JavaFX 所需的条件

在开发之前，应该检查一下需求清单，这些需求在接下来的一段中做了简要介绍。这些是顺利学习的先决条件。用户应该至少具备下面的基本知识和技能以及能获得下列软件。

1.2.1 所需的技能和知识

学习本书不需要用户之前具有开发经验。如果你从来没有开发过应用程序或创建过基本的网页，仍然可以掌握 JavaFX。本书特别设计的示例与课程将讲解如何进行 JavaFX 开发，同时也从头介绍 JavaFX 脚本语言。

说明：
开发 JavaFX 应用程序的语言叫做 JavaFX 脚本。

话虽如此，但是使用脚本的任何经验都将有助于更快掌握 JavaFX 脚本的概念。以下概念的基本知识虽然不是必须理解的，但掌握了它们可以加快 JavaFX 的学习进度。

- **Java 开发** JavaFX 和 Java 的相同之处不只是体现在名称上。如果你曾经写过 Java 小程序，或者更重要的是在网页中部署过 Java 小程序，那么理解 JavaFX 的部署过程就会变得非常容易。
- **HTML** 即使 JavaFX 程序可以作为独立的桌面应用程序和移动设备应用程序来部署，但大多数人还是将它应用在 Web 中。JavaFX 开发环境的强大功能之一就是不需要创建单个的网页来开发 Web 应用程序，但对 HTML 的基本了解将有助于用户了解开发流程的内容。
- **拖放** 在 JavaFX 中许多工作可以通过拖放界面来完成。如果你曾经在 Visual Basic 中通过向空表单中拖放对象来开发应用程序，那么在 JavaFX 开发中就有优势了。

这些技能绝不是必需的，缺少上述任何条件之一都不会影响你学习 JavaFX。无论你是一位经验丰富的专业开发人员，还是尚未写过应用程序的新手，阅读本书后都将能够轻松使用 JavaFX 开发程序。接下来的一节列出了本书中开发 JavaFX 程序用到的软件。

1.2.2　所需软件

本节简要介绍了书中用到的软件。JavaFX 开发中使用几个不同的软件，到本章结束时你将非常熟悉它们。如果没有这些软件或者是没有听说过它们中的一个或几个，请不必担心。到本章结束时，你将下载并安装这些用于 JavaFX 开发的所有软件。

- **JavaFX SDK**　JavaFX SDK (Software Development Kit，软件开发工具包)是 JavaFX 开发所需的主要工具包，JavaFX SDK 包含了使用 JavaFX 脚本开发 JavaFx 应用程序所需的全部内容。
- **Java SE JDK**　Java SE JDK (Standard Edition Java Development Kit，标准版 Java 开发工具包)是将 JavaFX 脚本编译成可执行代码所需的工具包，它是所有 Java 开发的基础工具包。
- **NetBeans**　NetBeans 是创建 JavaFX 应用程序时要用到的开发环境。可以把 NetBeans 想象成一个特别的文本编辑器，在这个编辑器中可以用 JavaFX SDK 和 Java SE JDK 将文本编译成可执行程序。

这里列出的所有软件都是免费的，可以很容易地下载。本章的下一节将引导用户下载和安装这些所需软件。

1.3　下载和安装所需软件

NetBeans 和 JavaFX 都依赖 Java SE JRE(Standard Edition Java Runtime Environment，Java 运行环境标准版)。因此，必须在系统中首先安装 Java SE JRE。而安装 NetBeans 6.9 不仅会自动安装最新版本的 Java SE JRE，还会安装 JavaFX SDK，所以，如果安装了 NetBeans 6.9，那么同时就安装了所有的所需软件。

NetBeans

NetBeans 是一个开源的 IDE(Integrated Development Environment ，集成开发环境)，它可以用于多个不同平台上的开发。NetBeans 能用于开发 C/C++、Java、JavaScript、PHP 以及 JavaFX。在本书后面的例子中，所有的 JavaFX 开发将在 NetBeans 的一个工作空间内完成。

首先下载最新版的支持 JavaFX 的 NetBeans，下载地址为 www.netbeans.org。

注意：

本书写作时，NetBeans 的最新版本是 6.9 Beta 版。有多种语言版本的 NetBeans 可供下载，对于本书而言，需要下载专为 JavaFX 设计的 NetBeans 6.9，更多信息请访问 NetBeans 下载页面。

当访问 NetBeans 下载页面时，对可用软件包的选择可能令人望而生畏。不必担心，只须关注 NetBeans 6.9 即可，并下载支持 JavaFX 的 NetBeans IDE(见图 1-1)。

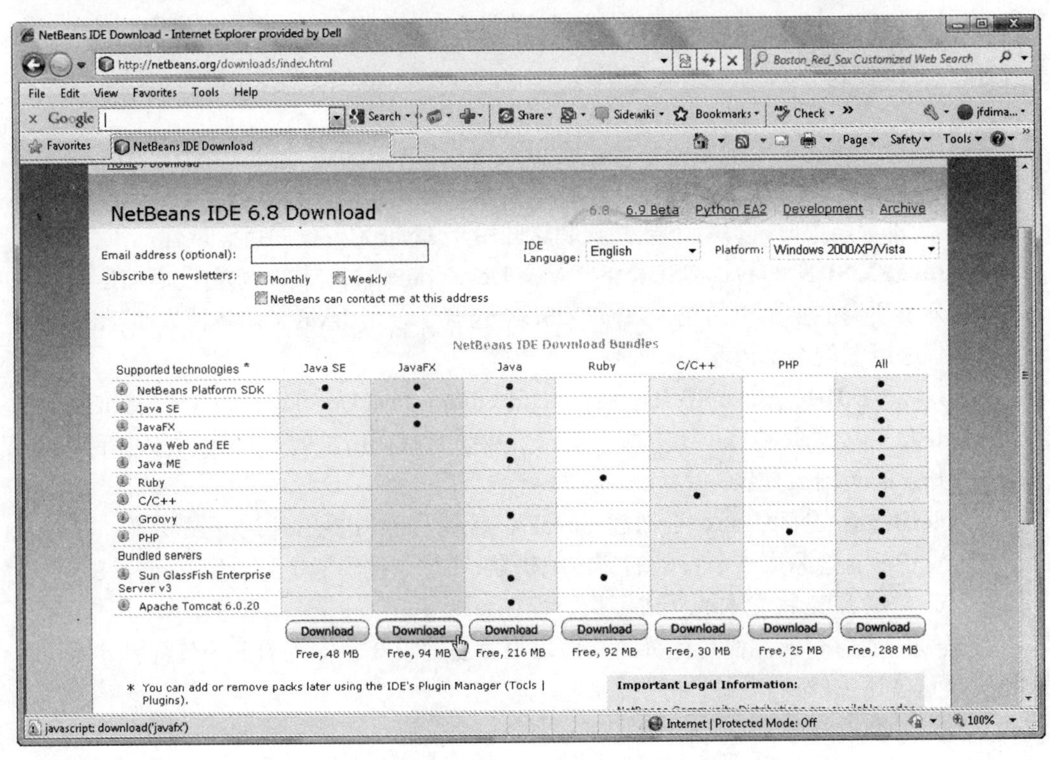

图 1-1　NetBeans 下载页面

注意：

All 下载标签是指该版本的 NetBeans 支持所有可用的技术。如果碰巧你下载这个版本，本书中所有的例子仍然可以工作，但你应该坚持下载支持 JavaFX 的 NetBeans IDE。

只要跟随安装向导就能很轻松地完成 NetBeans 的安装和设置。安装向导会推荐 NetBeans IDE 和 Java JDK 的默认安装位置，只要接受默认位置，剩下的安装工作就变得轻而易举。

说明：

如果你的计算机上没有安装过 Java，那么在安装 NetBeans 之前需要手动安装最新版本的 JDK。

完成 NetBeans 的安装后，NetBeans IDE 将自动启动。如果 NetBeans 没有重启，需要手动打开。NetBeans IDE 启动后将打开开发起始页(见图 1-2)，其内容是提供与 JavaFX 开发相关的新闻和技巧。

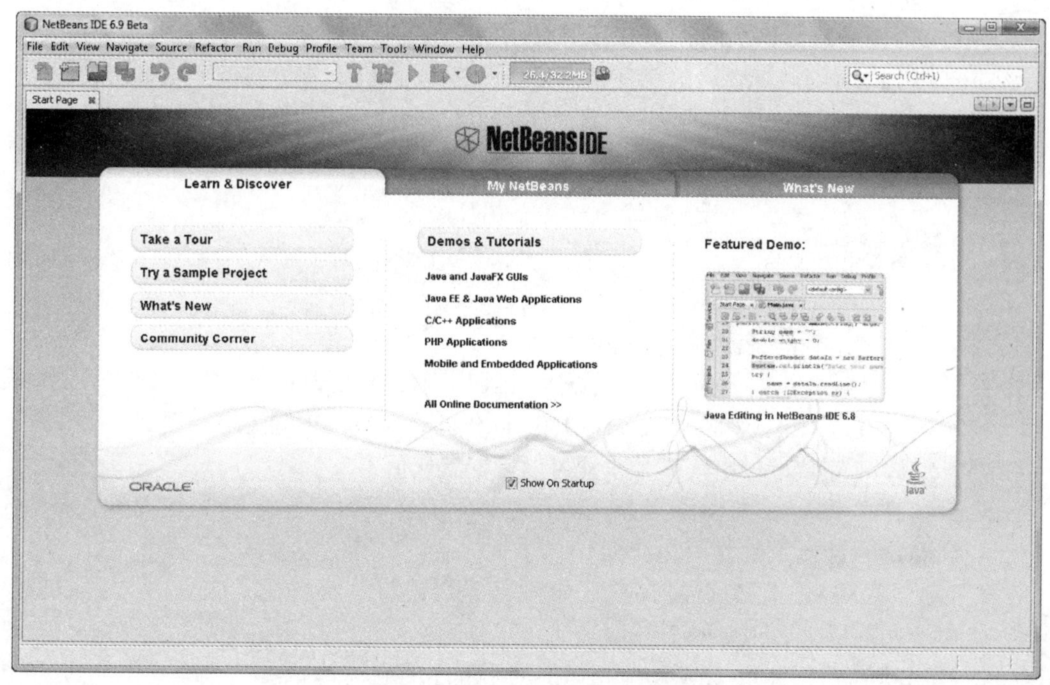

图 1-2　NetBeans 的默认起始页

提示：

取消选中 Show On Startup 后，下次启动将跳过起始页。

此时 NetBeans 已经配置完毕可以使用了。Netbeans 安装程序会要求你注册 NetBeans，建议你注册但这并不是必须的。注册这个产品后将获得 NetBeans 的升级信息以及 NetBeans 论坛中的消息。

专家释疑

问： 我是否必须使用 NetBeans 来开发 JavaFX?

答： 不，可以在 NetBeans 之外的环境开发 JavaFX。编写 JavaFX 代码真正需要的是一个简单的文本编辑器、Java JDK 或 JavaFX SDK。但在 NetBeans 之外的环境开发 JavaFX 需要精通有关 Java 命令行的编译知识。

问： 能用其他的 IDE(集成开发环境)来开发 JavaFX 吗?

答： 可以，也可以使用 Eclipse，Eclipse 是另外一款开源的 IDE，它需要安装支持 JavaFX 开发的插件。但是在本书编写时，Eclipse 还没有支持 JavaFX 1.3 的插件。

试一试　配置 NetBeans

开发人员应该能轻松地使用他们的集成开发环境。尝试定制 NetBeans IDE 的界面风格，使之成为舒适的工作空间。当 IDE 中有一个熟悉的界面风格时，你会更容易完成创造性的开发工作。

打开 NetBeans IDE 并从菜单栏中选择 Tools | Options 选项。浏览其提供的选项，尝试用不同的值来设置这些选项并注意 IDE 的变化，找到最适合你的选项和开发方法。

1.4 自测题

1. 本书中使用到的开源开发环境叫什么？
2. 应该下载适合所有开发人员的 NetBeans，正确还是错误？
3. 已经安装过 JRE，如果需要 Java JDK 将会自动安装，正确还是错误？
4. NetBeans 安装过程中，哪个设置可以接受默认值？
5. Java JDK 和 JavaFX SDK 之间有何区别？
6. NetBeans 起始页的作用是什么？
7. 使用 NetBeans 前必须注册成功，正确还是错误？
8. 哪个网站提供 NetBeans？
9. 指出其他两个和 JavaFX 功能相似的应用程序的名称？
10. JavaFX 可以在除桌面、Web 以外的哪些平台上进行编译？

第2章

设置 Scene 对象

重要技能与概念：

- 在 NetBeans 中创建 JavaFX 项目
- 创建 Stage 对象和 Scene 对象
- 运行 JavaFX 应用程序

本章将学习如何在 NetBeans 中创建一个新的 JavaFX 项目。初学者可能对 JavaFX 项目产生困惑，理清这些疑问将有助于学习本书后面的内容。本章将逐步讲解创建第一个项目、在项目中添加一个 Stage 对象、向 Stage 对象中添加一个 Scene 对象以及运行该应用程序的一系列过程。

2.1 创建新的 JavaFX 项目

请打开 NetBeans 6.9 的副本，本章将使用它来创建一个新的 JavaFX 项目。

说明：
本节创建的项目将在整本书中使用。随着本书学习进程的深入，每章的例子中将不断地为该项目增加脚本文件。

打开 NetBeans IDE，单击 File | New Project(或按 Ctrl + Shift+N 组合键)，如图 2-1 所示。

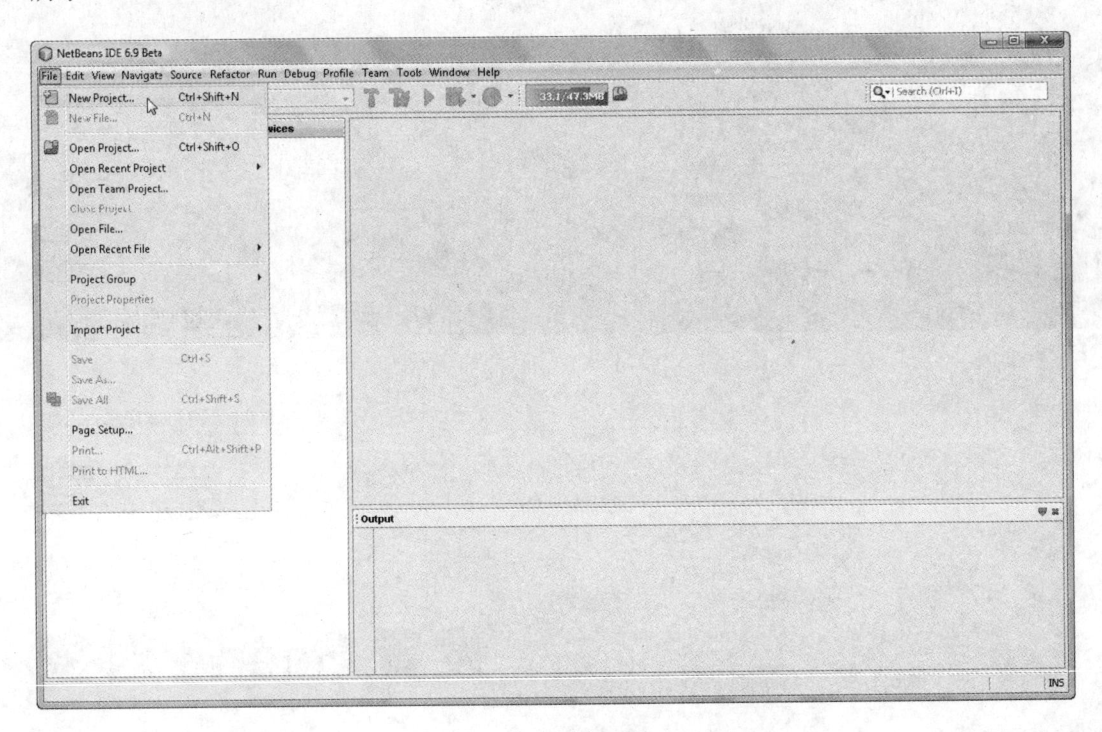

图 2-1 创建新项目

选择 New Project 将打开 New Project Wizard。请注意，New Project Wizard 包含多个项目类别，这是因为 NetBeans 不仅仅适用于 JavaFX 开发。Categories 选项中的 JavaFX 和 Projects 选项中的 JavaFX Script Application 都已经预先选中，如图 2-2 所示，接受默认设置并单击 Next 按钮。如果没有选择上述选项，那么要选中它们。

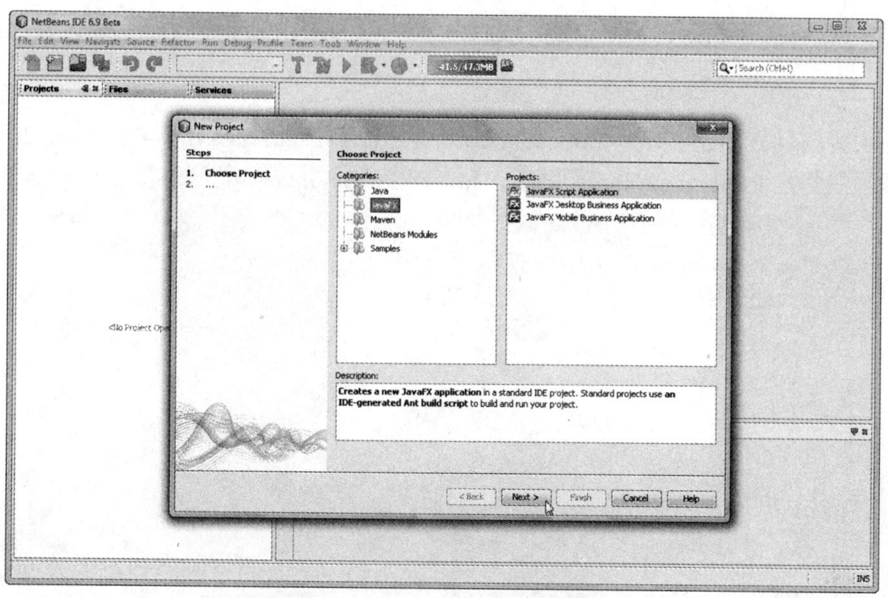

图 2-2　New Project Wizard 选择窗口

向导中的下一个步骤是 Name 和 Location 步骤。 NetBeans 可以为项目命名，将项目命名为 JavaFXForBeginners，这名字不错，这样描述项目可以很容易地被识别。

最后在 Name 和 Location 步骤中取消选中最后一个选项 Creat Main File。如果该选项被选中，NetBeans 会创建一个脚本文件，并向文件添加一些基本设置代码，这些代码原本是自行加入的。因此，也可以单独创建文件。

项目的 Name 和 Location 步骤窗口如图 2-3 所示，在这一步接受其他选项的默认设置。

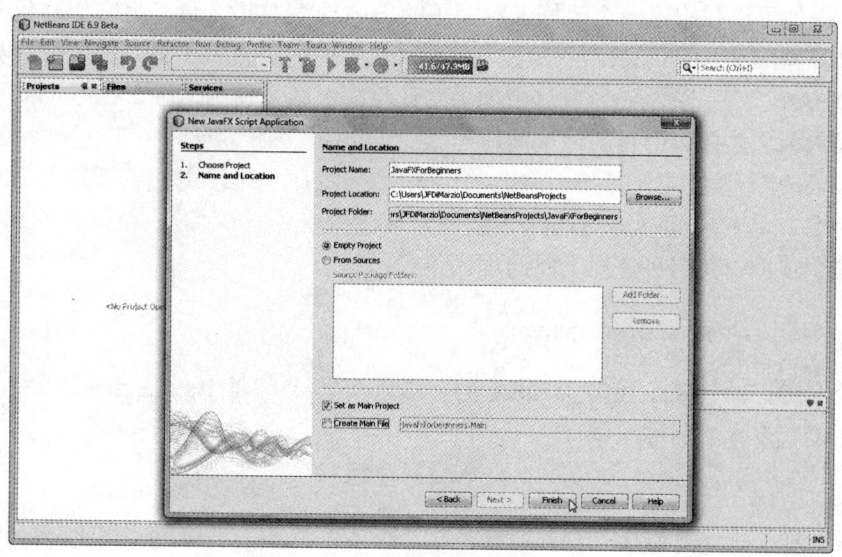

图 2-3　Name 和 Location 步骤

单击 Finish 按钮就创建了空项目。下面将在这个项目中添加一个程序包和一个脚本文件。

2.1.1 空 JavaFX 项目

一旦新项目被创建，New Project Wizard 将返回到 NetBeans IDE 中，如图 2-4 所示。在屏幕的左侧是 Projects explorer 框架，JavaFXForBeginners 项目将显示在此框架中。

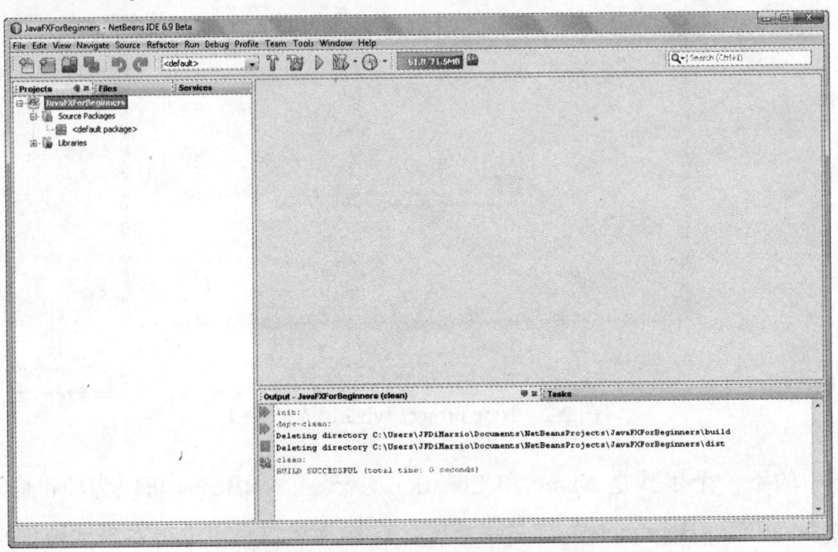

图 2-4 NetBeans IDE 的新项目界面

单击 Source Packages 文件夹旁边的加号，将列出文件夹中包含的程序包。Java 程序包是相关的类(在此指的是 JavaFX 脚本文件)的全集。程序包中的所有文件将被一起编译成一个 JAR(Java Archive)文件，其他项目可引用该 JAR 文件。如果使用过其他平台如 Silverlight 或者.NET，就会知道 Java 程序包等同于名称空间。

例如，如果现在构建一个计算形状面积的 Java 类集，那么可以将它们打包成名称为“面积计算器(area calculator)”的特定程序包，此名称空间和名称空间内所有的类可以编译成一个 JAR 文件。以后任何项目中如果要计算面积都可使用这个 JAR 文件，只需要在项目中载入该文件并引用其名称空间即可。

在 JavaFX 开发中要坚持按照命名约定来命名。程序包是使用代表开发人员的分层域结构来命名。名称空间应该首先是顶级域，接下来是相关域名，就像一个反向的网站 URL。这个项目中我们将使用下面的程序包名：

```
com.jfdimarzio.javafxforbeginners
```

这个名称空间代表了我是 JavaFX 的初学者水平(名字是 jfdimarzio)。当然，也可以自由使用能代表你的名称空间。

注意：

如果选择了一个更能代表自己的程序包名而不是在本书中使用的例子(com.jfdimarzio.javafxforbeginners)，那么无论何时提到新项目中的程序包时，都需要记起它。

提示：

按照惯例，Java 中所有的名称空间和项目名称都应小写。欲了解 Java 更多的命名习惯可以访问 http://java.sun.com/docs/codeconv/html/CodeConventions.doc8.html。

如果检查 JavaFXForBeginners 项目的 Source Packages 文件夹，将看到还没有任何源文件包(仅有<default package>占位符)，那么按照 Java 的命名习惯创建一个新程序包。

要创建新程序包，在 Projects 框架中右击项目名，并在弹出的上下文菜单中选择 New | Java Package…，如图 2-5 所示。

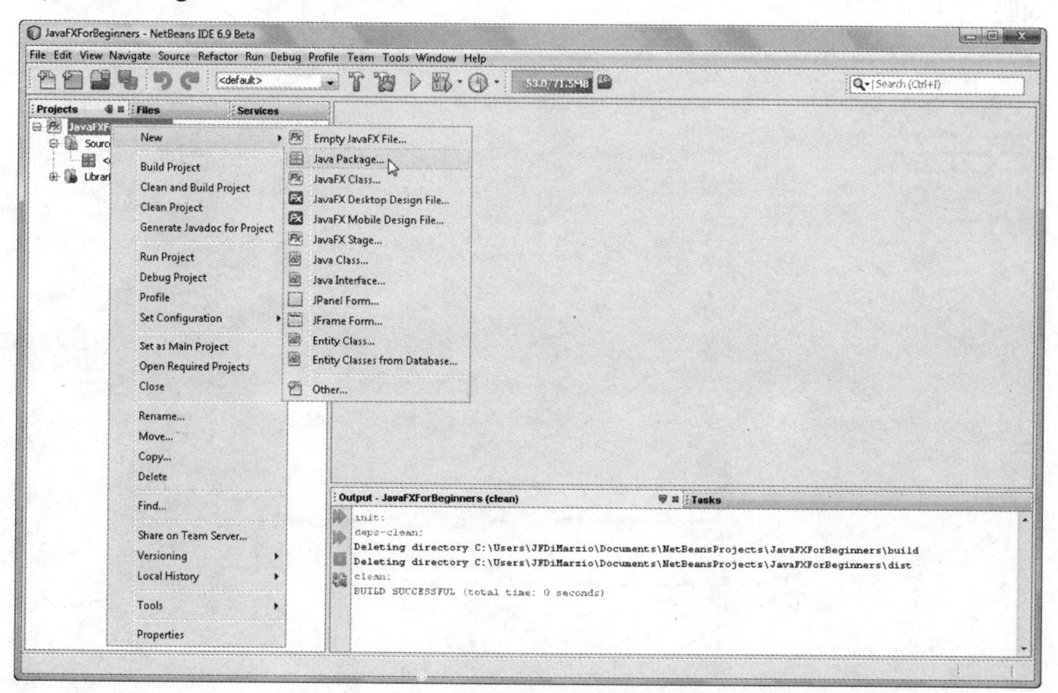

图 2-5　项目的上下文菜单

说明：

实际的菜单项顺序可能与图 2-5 有所不同。

NetBeans 会给新程序包自动添加默认的包名，可以输入 com.jfdimarzio.javafxforbeginners 来替换该包名。接受其他选项的默认值，最后单击 Finish 按钮，就创建了一个新程序包。

你将发现在项目中<default package>占位符已经变成了 com.jfdimarzio.javafxforbeginners 包。放置在该程序包的所有文件将会被编译成 com.jfdimarzio.javafxforbeginners JAR，这正是我们想要完成的。

新程序包已经创建，下面就来添加第一个脚本文件。

2.1.2　在项目中添加工作文件

浏览新创建的项目和程序包时可能会弄不清在哪里输入代码。例如：编写一个文件或备忘录时，可能将其输入到一个文本文件中(.txt 或.docx)；要在 Microsoft Office 中创建电子表格，那么可能在一个 Excel 文件(.xlsx)中进行输入；如果要创建 JavaFX 应用程序，需要在 JavaFX 脚本文件中输入代码，JavaFX 脚本文件的扩展名为.fx。

浏览一下 com.jfdimarzio.javafxforbeginners 程序包就能很快发现，事实上这里没有可供书写代码的 JavaFX 脚本文件，因此需要在程序包中添加一个书写代码的脚本文件。右击程序包名弹出上下文菜单，选择上下文菜单中的 New | Empty JavaFX File...命令以便在程序包中添加一个.fx 文件。将文件命名为 Chapter1，最后单击 Finish 按钮。

NetBeans 已经创建好了第一个脚本文件，该文件将打开并显示在 IDE 的中心区域，如图 2-6 所示。

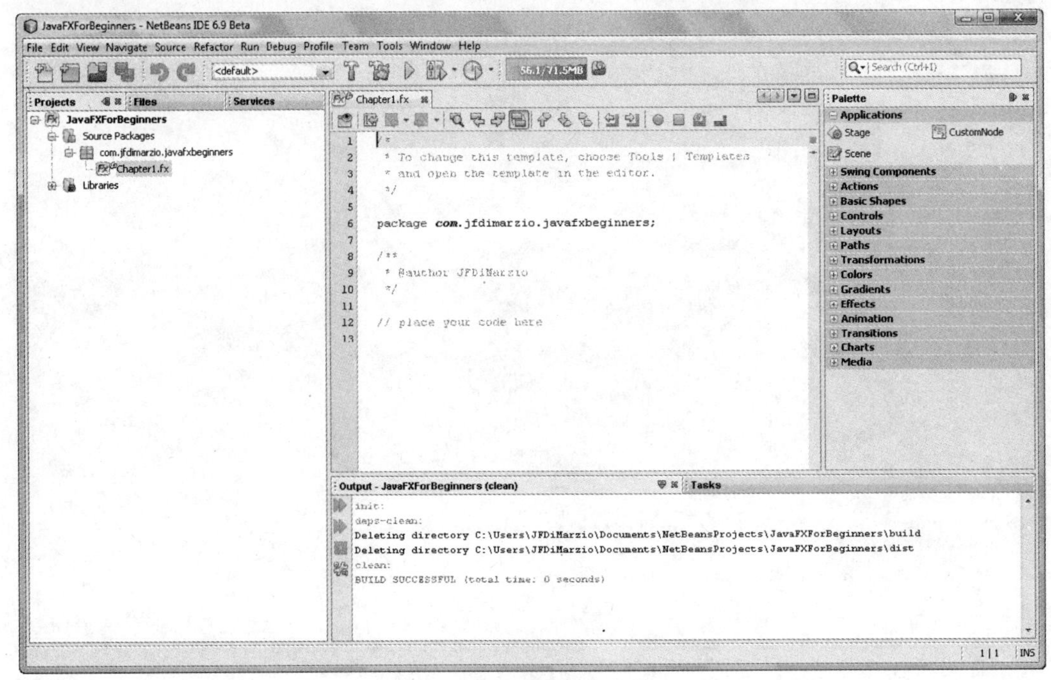

图 2-6 第一个脚本文件

说明：

实际的界面和图 2-6 所示可能会略有不同。

新的 JavaFX 脚本文件将在 NetBeans IDE 的主面板中打开。接下来我们将快速了解 NetBeans 以及新脚本文件的功能和特点，还将编译第一个 JavaFX 应用程序。

2.1.3 开发 NetBeans 中的空项目

在 Netbeans IDE 中，现在打开的 JavaFX 项目是一个空壳，如图 2-6 所示。你可能会对一个空项目不太感兴趣，在大多数情况下这种想法是对的。但是，开始写代码之前应该先熟悉 IDE 的工作区域和功能。

大多数 JavaFX 开发工作集中在 NetBeans IDE 的两个工作区域进行。NetBeans IDE 的左边区域显示三个选项卡，分别是：Projects、Files 和 Services。如图 2-7 所示的一系列资源管理器在项目中起导航作用。

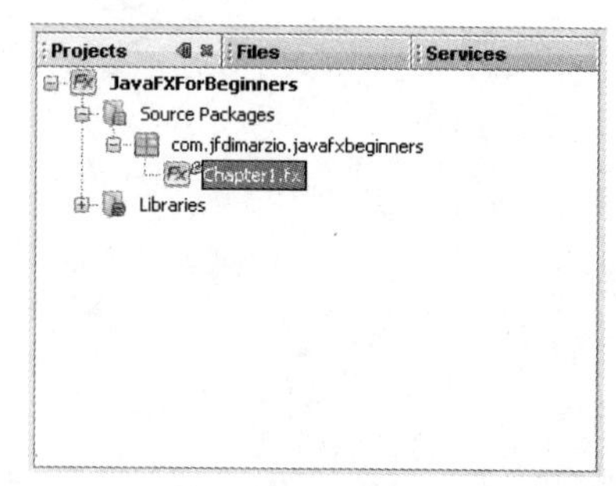

图 2-7　Projects、Files 和 Services 资源管理器

JavaFXForBeginners 不是普通项目，开始很小，结束时会用到多个文件代码、图像和配置。资源管理器有助于跟踪这些文件，可以使你在这些文件之间快速切换，并根据需要在不同文件上工作。

NetBeans 中的资源管理器最大的特点是可以同时在多个项目中工作。如果在同一个 IDE 中打开两个项目，可以很轻松地同步工作且不必担心关闭和打开之类的切换问题。在 NetBeans 工作时会成为非常方便的工具。

本节结束时我们将非常熟悉第二个工作区 Palette Section。如图 2-8 所示，Palette 是位于 NetBeans 的右侧与资源管理器相对的位置。它包含可折叠标签的代码段，这些代码段会用于我们自己的代码中，并广泛用于本书前几章中。

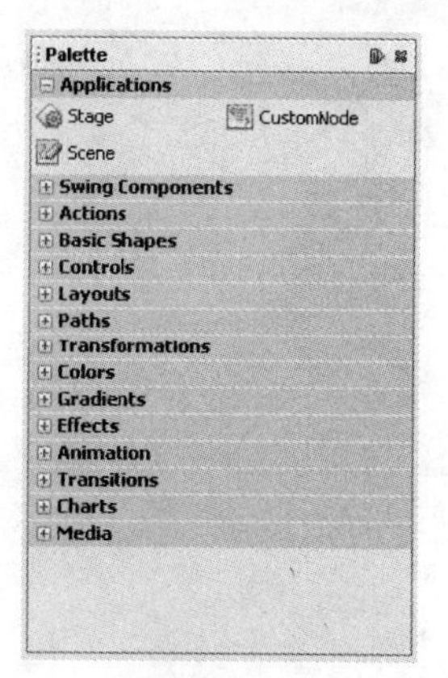

图 2-8　Palette

在 Palette 中找到的代码段是一个预先写好的、可重用的代码片段，非常像那些填充缺少单词的连环画。换句话说，它是一段代码，其中一部分重要信息由用户来填写。使用这些代码段工具，初学者可以很轻松地写出一些非常实用的应用程序。

这些 JavaFX 代码段按功能逻辑可以划分为以下 15 个类别：

- Applications
- Swing Components
- Actions
- Basic Shapes
- Controls

- Layouts
- Paths
- Transformations
- Colors
- Gradients
- Effects
- Animation
- Transitions
- Charts
- Media

随着本书学习的深入，我们将了解到 Palette 中更多的代码段，它们是本书后续章节中项目的基础。花些时间展开 Palette 中的每个目录，浏览一下可用的代码段。

2.2 使用脚本文件工作

本节将全面介绍上节创建的空脚本文件。即使不写一行代码，也可从空脚本文件中学到很多知识。

现在，文件如下所示：

```
/*
 * To change this template, choose Tools | Templates
 * and open the template in the editor.
 */


package com.jfdimarzio.javafxforbeginners;

/**
 * @author JFDiMarzio
 */

// place your code here
```

下面将解释空脚本文件中的布局和作用。

2.2.1 注释

空 JavaFx 脚本文件中的前四行代码是文件的开头注释，它不属于代码内容。实际上，编译器是忽略注释内容的，那为什么还如此麻烦地编写它呢？因为在文件中添加注释是用来解释文件中代码的作用，仅为了方便人们阅读脚本文件，与编译器无关。

说明：
注释分为两种：单行和多行，它们使用不同的字符来标识。

脚本文件已经添加了如下的开头注释：

```
/*
 * To change this template, choose Tools | Templates
 * and open the template in the editor.
 */
```

按照 Java 编码标准，开头注释应该包括：类名、版本、创建或修改日期以及用户添加的版权声明。

脚本文件中注释部分的前两个字符是“/*”，后两个字符是“*/”，所有多行注释的开始和结束必须是这两对字母。注释中所有的星号纯粹是为了点缀和增加可读性。

一般来说，脚本文件中添加注释是为了解释文件或大部分代码的作用。例如，把光标放置在注释的最后一行即出现名字的位置，按回车键。文件中将会添加一个突出显示的注释，内容如下：

```
/*
 * Chapter1.fx
 *
 * v1.0 - J. F. DiMarzio
 *
 * 5/1/2010 - created
 *
 * Sample JavaFX script from Chapter 1 of 'JavaFX
 * A Beginner's Guide'
 */
```

脚本文件已经添加了一些标准的 Java 开头注释。这些注释描述了文件版本是 1.0、名字是 Chapter1.fx，最后是创建日期和一个简短的说明(在版权说明的位置)。

在下一节将学习 package 语句。

2.2.2 package 语句

我们注意到这个空白脚本文件并不是完全空的。原因是 Netbeans 已经添加了一些基本代码。开头注释之后就是下面一行：

```
package com.jfdimarzio.javafxforbeginners;
```

尽管这一行代码对编码的影响微乎其微，但可以体现出 Java 编程的一些要点。该行的主要目的是告诉编译器，本行以后的所有代码是隶属于 com.jfdimarzio.javafxforbeginners 程序包的。package 声明必须位于脚本文件的最前面。

本行代码有三个必须知道的重要组成部分。第一个词 package 是 Java 的关键字，关键字就是在编译器中已经预定义了含义的特殊命令，也被称作保留字，所以代码中不能将其用作变量名或其他非预定义的目的。关键字 package 告诉编译器它之后的内容就是程序包的名称。

程序包名称是在 package 关键字之后(在这个例子中程序包名是 com.jfdimarzio.

javafxforbeginners)。因为该关键字的作用就是告诉编译器其后的内容即为程序包的名称。编译器也需要知道文件名到什么位置结束，否则按照定义编译器会认为文件中的所有代码都是程序包名。因此 Java 有一个特殊的字符“;”作为分隔符。这个分隔符告诉编译器，当遇到该分隔符时表示本行代码的结束。虽然这条规则有些例外的情况，但也必须使用分号来结束一行代码，使编译器知道已经结束了一条指令。如果没有使用分号，编译器会报错。

提示：
编译是将代码从人类可知语言转化成计算机可知程序的过程。

package 语句之后是两个注释：第一个多行注释说明该文件的作者；第二个是单行注释，说明从此处开始书写代码。

注意，单行注释使用“//”开始而不是“/*”，因为只有一行，所以不需要结束符号，因此本行的所有内容都被认为是注释。

本节的最后部分将在 Chapter1 脚本文件中添加第一行代码。

2.3 第一个 Stage

很多 JavaFX 的节点都发生在 Stage 中。将该节点命名为 Stage 是很恰当的，它是其他脚本对象的基础。就像一部戏剧，所有的演出都发生在舞台上，JavaFX 也不例外，所有的行为都发生在 Stage 中。

插入 Stage 片段

要在脚本中添加 Stage，需要激活 NetBeans IDE 右侧的 Palette 区域。展开 Palette 区域的 Applications 折叠标签(如果它没有展开)，将看到三组可加入脚本的应用程序片段：Stage、CustomNode 和 Scene 节点。

说明：
向文件中添加 Stage 之前要删除单行的注释占位符。

单击 Stage 并将其拖放到脚本文件中占位符的位置，这样就在脚本中插入了一个 Stage 对象。

注意 NetBeans 已经在文件中插入了两段代码，第一段位于“作者”注释之上，它包含两个引入语句。

```
import javafx.stage.Stage;
import javafx.scene.Scene;
```

import 是 Java 的另外一个关键字，它告诉编译器向脚本文件中导入列出的包内的所有代码。所以在本例中，编译器将得到 javafx.stage.Stage 包和 javafx.scene.Scene 包的所有代码，并放置在当前文件中。

NetBeans 在文件中添加的第二段代码是 Stage 节点，这段代码在脚本中创建了一个空的 Stage。现在这个 Stage 什么也没做，但是它将编译和显示一个空的窗口。现在的脚本文件如下所示：

```
/*
 * Chapter1.fx
 *
 * v1.0 - J. F. DiMarzio
 *
 * 5/1/2010 - created
 *
 * Sample JavaFX script from Chapter 1 of 'JavaFX
 * A Beginner's Guide'
 */

package com.jfdimarzio.javafxforbeginners;

import javafx.stage.Stage;
import javafx.scene.Scene;

/**
 * @author JFDiMarzio
 */
Stage {
      title : "MyApp"
      onClose: function () { }
      scene: Scene {
             width: 200
             height: 200
             content: [ ]
      }
}
```

要了解 Stage 代码的作用，必须学习一些基本的 JavaFX 语法和编码的知识。下面一节讲解 JavaFX 的基本知识。

2.4 JavaFX 脚本入门

现在脚本文件中已经有部分代码，需要花些时间来看看这些 JavaFX 脚本是怎么编写的(就是语法)。如果之前具有 Java 或 JavaScript 开发经验，可能会惊奇地发现 JavaFX 脚本和它们略有不同。

JavaFX 的每个元素都是由节点的类型名指定，后跟一对大括号。创建一个 Stage，代码中需要指定 Stage 元件如下：

```
Stage{ }
```

Stage 相关的所有属性和参数以名称-值对的形式置于大括号之内。

名称-值对

名称-值对按字面意思是代码中的元素先写属性名或参数名再写它的值。例如，应用程序的 title 按名称-值对的语法书写如下：

```
title : "MyApp"
```

改变 JavaFXExamples 文件中 Stage 的 title 属性。

当创建复杂的 JavaFX 脚本时，将发现其名称-值对的值不一定像一个字符串(如“JavaFXExamples”)那么简单。事实上 Stage 已经包含一个复杂的值。

Stage 有一个必要的属性是“scene”，而 scene 变量的预期值是 Scene 元件。关注 Stage 代码中的 title 名称-值对将看到下面内容：

```
scene: Scene{
    width: 200
    height: 200
    content:[]
}
```

该例中 scene 的值是 Scene 元件，它有自己的 width、height、content 的名称-值对。

下面将使用 Run Configuration 来编译和运行 JavaFX 脚本。

2.5 编译 JavaFX 脚本

按 F6 键可以编译并运行 JavaFX 脚本文件，也可单击 NetBeans 菜单栏上绿色的大箭头图标。这两种方法都将脚本编译成可执行应用程序。

脚本的编译和运行都是基于设定的 Run Configuration 配置，运行结果将作为一个单独窗口显示。

说明：

当前只有一个 Run Configuration:<default>，随着学习的深入将创建其他的 Run Configuration。

本例中，第一个 JavaFX 脚本将产生一个非常令人激动的空白窗口，如图 2-9 所示。

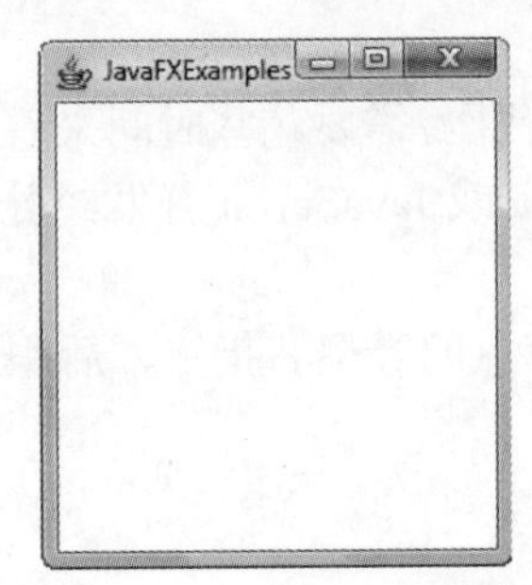

图 2-9　第一个编译的 JavaFX 脚本

第 3 章将创建一个 Hello World 应用程序。

专家释疑

问：必须使用代码段来创建 Stage 对象吗？

答：不，如果不想用的话，你不必使用代码段来创建任何代码。有些工作中，可以手动输入所需的代码来创建元件。使用代码段的优势在于不必记住那些创建代码所需的属性或名称-值对；而其缺点是它仅仅包含了必须的名称-值对。如果仅使用代码段，可能会不了解其他许多可选属性。

2.6 自测题

1. 列出所有项目的框架叫什么名字？
2. 用于创建新 JavaFX 项目的向导是什么？
3. 名称空间的另一个名称是什么？
4. NetBeans IDE 中哪个面板能浏览代码示例？
5. 代码段面板中包含了预定义的可重用的代码，正确还是错误？
6. JavaFX 脚本文件的扩展名是什么？
7. JavaFX 脚本中 Package 是什么类型的词？
8. 脚本的每一行必须使用句号结束，正确还是错误？
9. 注释的开始和结束使用哪个字符？
10. 以下是何种类型的变量或属性？

```
title: "MyApp"
```

第3章

Hello World 应用程序

重要技能与概念：

- 在屏幕上输出文本
- 理解配置文件
- 值绑定

本章我们开始编写 JavaFX 脚本，这里开始用到第 1 章和第 2 章的铺垫工作，花时间和精力学习这些基础知识将有助于掌握本章中 JavaFX 脚本节点的知识。

学习一门新语言最精彩的部分就是可以逐渐地用新奇的方式表达思想和观点，而这正是本章要做的。我们将学习如何使用自己可能(或可能不)已知的其他语言的经验并将其应用到 JavaFX 脚本中。

3.1 在屏幕上输出文本

人类最基本的表达形式是使用字词，使用词语和句子是与他人交流思想的主要方法。我们每天都饱受词语信息的轰炸。聆听音乐、驾驶汽车、浏览网页或是开发代码时，都在领会和使用字词。无论是书面的还是口头的词汇(如现在正在学的这种语言)一样，掌握它们的最好方式是使用。

因此，本章首先要学习如何使用 JavaFX 脚本在屏幕上输出文本。无论用 JavaFX 创建何种应用程序或富应用环境，都有可能在屏幕上书写某种形式的文本。在屏幕上书写文本是应用程序开发中的日常基本工作，所以现在就开始使用 JavaFX 书写文本。

首先在 NetBeans 中打开第 1 章创建的项目，使用学过的步骤创建一个空 JavaFX 文件并命名为 Chapter3，本章将使用该文件来做所有的练习。

提示：
请参阅第 2 章，回顾有关创建空 JavaFX 文件的知识。

使用 Project 框架导航到 Chapter3.fx 文件并打开它(如果它没有自动打开)。本节将插入部分补充注释，创建一个新的 Stage 对象和一个 Scene 对象并添加一些文本。仅仅几行 JavaFX 脚本就能让你随心所欲地在屏幕上书写文本。

添加完 Chapter3.fx 文件后，应该向 NetBeans 指明它是新的 Main 类，这样做是告诉 NetBeans 编译时从该文件开始。要设置 Chapter3.fx 文件为 Main 类，则右击 Project 框架中的项目名称，选择 Properties | Run，设置 Main Class：属性，如图 3-1 所示。

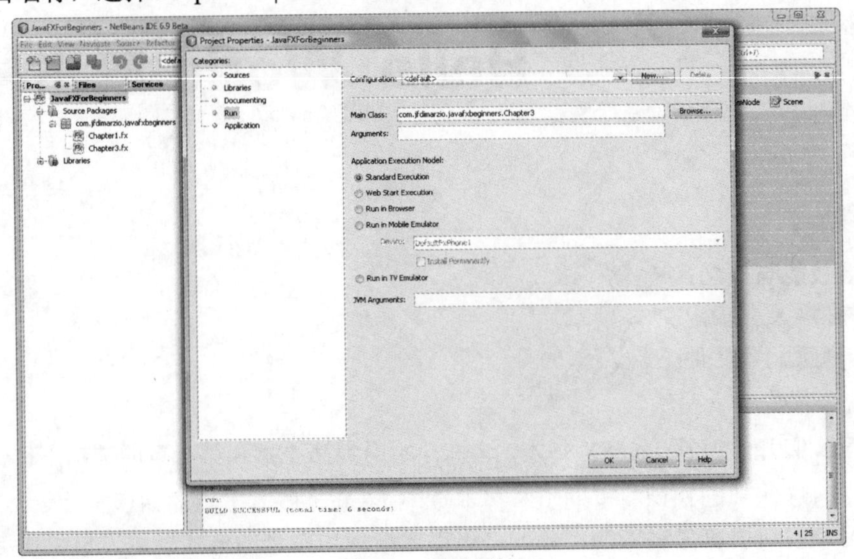

图 3-1 项目属性

3.1.1 添加描述性注释

新脚本文件应该包含下面代码：

```
package com.jfdimarzio.javafxforbeginners;
/**
 * @author JFDiMarzio
 */
```

开始编写代码之前应该像第 2 章讲解的一样，添加一些描述性的开头注释。

```
/*
 * Chapter3.fx
 *
 * v1.0 - J. F. DiMarzio
 *
 * 5/3/2010 - created
 *
 * First JavaFX Text sample - HelloWorld
 *
 */
```

注释现在已经完成，日后仅通过浏览它就可以很容易地知道脚本的作用了。如果需要参阅本章所讨论的代码，注释确保我们能轻松地找到它。

3.1.2 添加 Stage 对象和 Scene 对象

第 2 章已学过添加 Stage 对象和 Scene 对象的知识。本项目将要用到一个 Stage 对象，所以本节要向 Chapter3.fx 脚本中添加 Stage 对象。请记住，Scene 对象位于 Stage 对象中，而 Scene 对象中包含要在屏幕书写的文本。

使用 Palette 菜单可为脚本添加 Stage 对象。双击位于 Palette 中 Applications 区的 Stage 代码段可插入 Stage 对象，这与第 2 章插入 Stage 对象的示例中使用的是同一个工具。

把 Stage 对象的 title 从“MyApp”改为“Hello World”(代码如下所示)，这样做是为了和上个例子有所区分，值也更合乎逻辑。

```
Stage {
     title : "Hello World"
     onClose: function () { }
     scene: Scene {
          width: 200
          height: 200
          content: [ ]
     }
}
```

提示：

如果将 JavaFX 应用程序作为桌面应用程序运行，Stage 对象的 title 属性也就是窗口的标题，因此窗口打开时它将显示在窗口的顶部。

这段代码创建了一个空白 Stage 对象，名称为 Hello World，它包含一个 200 像素宽 200 像素高的 Scene 对象。现在暂且不管 Scene 对象的尺寸，本章后面将修改它的大小。

运行该应用程序我们会惊奇地发现它是个空白屏幕。运行应用程序有几种不同的方法，比如单击绿色的箭头(位于菜单栏)，按 F6 键或者在菜单栏选择 Run | Run Main Project。(注意，单击菜单栏绿色箭头环形图标将运行 Chapter2.fx 应用程序，因为它是最近一次运行的应用程序。)

细心的开发人员可能会注意到在所有的 Run 选项附近都有个 Debug 选项或 Debug Main Project 选项，甚至更有心的开发人员可能已单击了 Debug 选项并看到启动了一个和 Run 类似的应用程序。实际上 Debug(调试)的功能比 Run(运行)更强大，它可以逐行地运行代码。按本章的要求，仅使用 Run 选项，暂不考虑 Debug 选项。

现在向该 Scene 对象添加一些文本。

3.1.3 添加文本

在本例中使用 JavaFX 在屏幕上显示任何想要的文本，必须将文字置于 Scene 对象的 content 中。Scene 节点用于保存和显示其他节点，因此要显示一个 Text 节点(如本章的例子)，必须将其写在 Scene 对象的内容中。

提示：

当讨论 Scene 对象的内容时，我们指的是 Scene 节点的内容属性。

可使用 Palette 菜单中的 Text 代码段向应用程序添加文本，Text 代码段包含了创建 Text 节点和 4 个入门的基本属性的代码。

要在 Scene 中添加 Text 节点，首先将光标置于方括号内，也就是 Scene 的内容属性后的[and]内。这样做的目的是告诉 NetBeans 要在此处插入 Text 节点。Netbeans 总是根据光标的位置插入代码段。

接下来，展开 Palette 中 Basic Shapes 区域，该区域包含许多 shape 节点，其中一个是 Text 节点。双击 Text 节点即可在脚本中插入该代码段。

一旦脚本中插入了代码段，就可看到 font 的 size 属性值是突出显示的。NetBeans 将自动突出显示代码段中需处理的值，如图 3-2 所示。

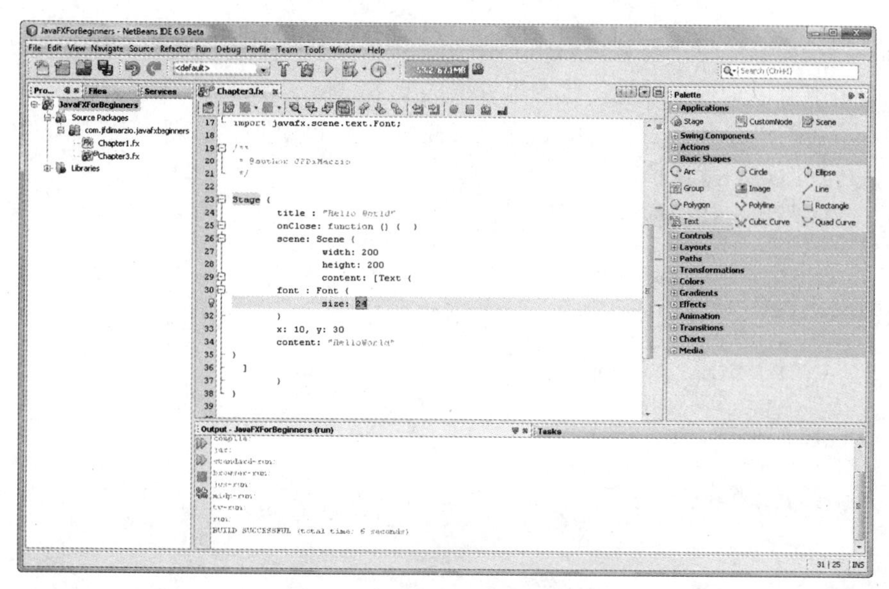

图 3-2　代码段中突出显示的值

在突出显示的位置输入值 26，改变 Text 节点使用的字号。字体属性将 Font 节点作为它的值，Font 类包含 Text 节点使用的字号、字体风格、字体颜色等相关的具体属性，在一个程序中允许几个 Text 节点使用不同的字体。相反，多个 Text 节点使用同一字体则要采取更高级的编程技术。

提示：

如果要手动创建和添加 Text 节点(没有使用 Palette 菜单)，那么也需要手动指定和设置属性名称-值对。使用 Palette 菜单的一个好处是促使你为重要的属性赋值，确保节点的功能完整。

字号值输入完后按回车键，NetBeans 将自动跳到下一个突出显示的需处理的属性，输入 x 和 y 的值。它们的默认值为 10 和 30，可按回车键接受默认值跳过该项设置。

x 值和 y 值表示程序中文本出现位置的坐标，该位置参考两个点：文本的左上角和应用程序窗口的左上角。

说明：

x 和 y 位置指的是直角坐标系的 X 轴和 Y 轴，X 轴是宽度，Y 轴是高度。

所以 x 10 和 y 30 位置是距程序窗口左边缘 10 像素、距顶部 30 像素。如果不熟悉用户界面布局的直角坐标系，不用担心，应用程序中有大量的放置对象练习，都要用到其相关的 x 和 y 坐标。

说明：

x 和 y 的坐标值总是使用的小写字母不要和代码中可能的变量名 x 或 y 混淆。

Text 代码段中的最后一个属性为 content，它包含了在程序中要显示的具体文本。

NetBeans 已经为其提供了默认值 Hello World，接受默认值设置仅需再一次按下回车键。

Text 节点可以有很多属性，比这里列出的要多。但这些是应用程序中创建一个有效 Text 节点所需的最少元素了。Palette 菜单仅提供了 4 个属性并为其指定了默认值，如果需要，也可更改这些默认值。

插入代码段后，代码应该如下所示：

```
/*
 * Chapter3.fx
 *
 * v1.0 - J. F. DiMarzio
 *
 * 5/3/2010 - created
 *
 * First JavaFX Text sample - HelloWorld
 *
 */

package com.jfdimarzio.javafxforbeginners;

import javafx.stage.Stage;
import javafx.scene.Scene;
import javafx.scene.text.Text;
import javafx.scene.text.Font;

/**
 * @author JFDiMarzio
 */

Stage {
     title : "Hello World"
     onClose: function () { }
     scene: Scene {
          width: 200
          height: 200
          content: [Text {
                    font : Font {
                         size: 26
                         }
                    x: 10, y: 30
                   content: "HelloWorld"
                 }
              ]
          }
}
```

现在向屏幕上书写短语 Hello World 所需的所有代码已经都插入。仔细阅读前面的代码，将发现 Palette 菜单也插入了新代码段所需的导入语句。

说明：

就 JavaFX 脚本文件而言，它并不知道 Text{}的含义和作用，需要导入代码告诉编译器 Text{}的 content 类型指的是什么。所以，插入模板添加了导入语句。Text 向导是运行应用程序必不可少的。

提示：

脚本文件中添加的大多数节点都要增加相应的 import 语句，它们向 JavaFX 指明要插入节点的定义。

再次运行项目，可看到如图 3-3 所示的应用程序窗口：

图 3-3　Hello World 应用程序

现在将项目的 Run 配置文件设置为<default>。在 NetBeans 中，默认的 Run 配置将使用桌面配置文件使代码按桌面应用程序运行。将 Text 节点的 content 属性值“Hello World”改为{__PROFILE__}，如下所示：

```
Stage {
    title : "Hello World"
    onClose: function () { }
    scene: Scene {
        width: 200
        height: 200
        content: [Text {
                font : Font {
                    size: 26
                    }
                x: 10, y: 30
               content: "{__PROFILE__}"
             }
           ]
    }
}
```

说明：

PROFILE 词前后各有一个下划线。

这样做可使 JavaFX 指出当前应用程序运行的配置文件名，再次运行脚本将看到

“desktop”字样，如图 3-4 所示。

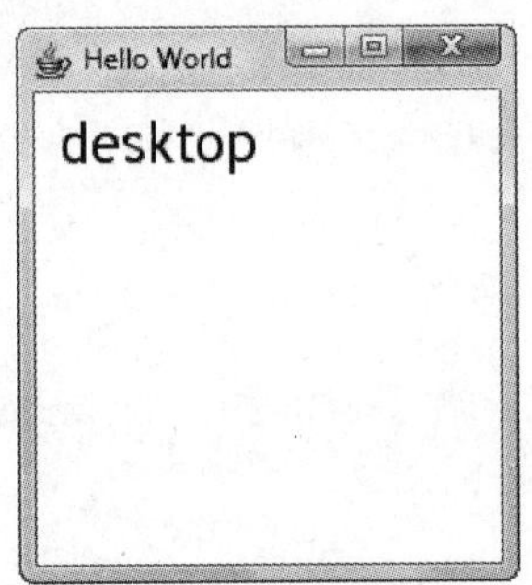

图 3-4　desktop 配置文件

JavaFX 脚本可在 4 种不同的配置文件下运行，修改 Run 配置可了解 JavaFX 的运行方式。

修改 Run 配置的步骤：单击 Run | Customize，打开 Project Properties 窗口，如图 3-5 所示。

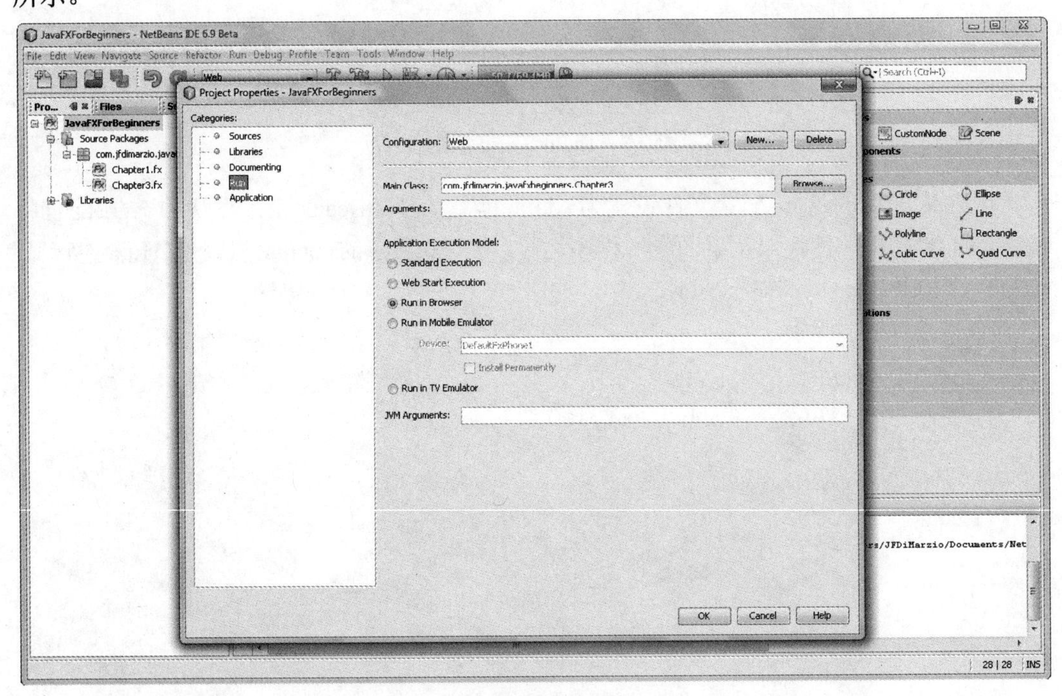

图 3-5　Run 配置

在该窗口单击 Configuration 选项旁边的 New 按钮，这时将创建一个新的 Run 配置以供使用，将其命名为 Web。

接下来，定位到 Application Execution Models 属性区，选择 Run in Browser 告诉 Netbeans 在运行项目时使用浏览器配置文件。单击 OK 按钮保存已更改的配置。

在下拉列表中选择 Web Run configuration，按 F6 键，可看到如图 3-6 所示的窗口。

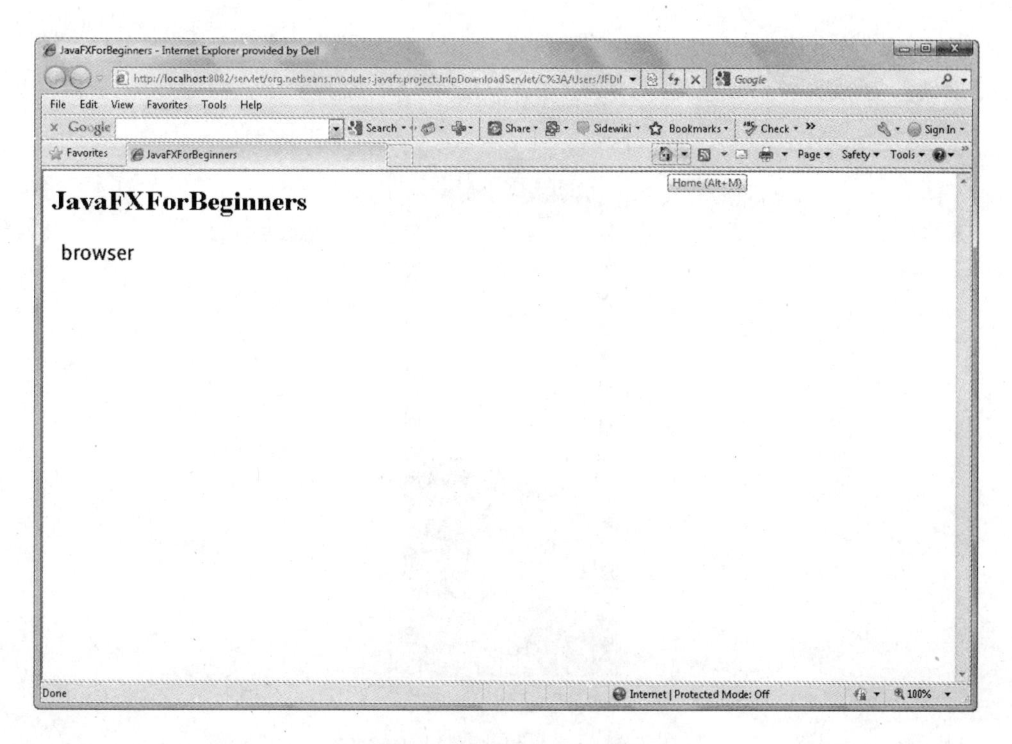

图 3-6　Browser 配置文件

请注意，现在窗口上的文本是“browser”。JavaFX 显示的是常量{__PROFILE__}的值，它的值现在是“browser”。JavaFX 配置文件常量可用于识别当前应用程序正在运行的是哪个配置文件。

再次打开下拉列表选择 Customize，创建另一个新配置，命名为 Mobile，如图 3-7 所示。

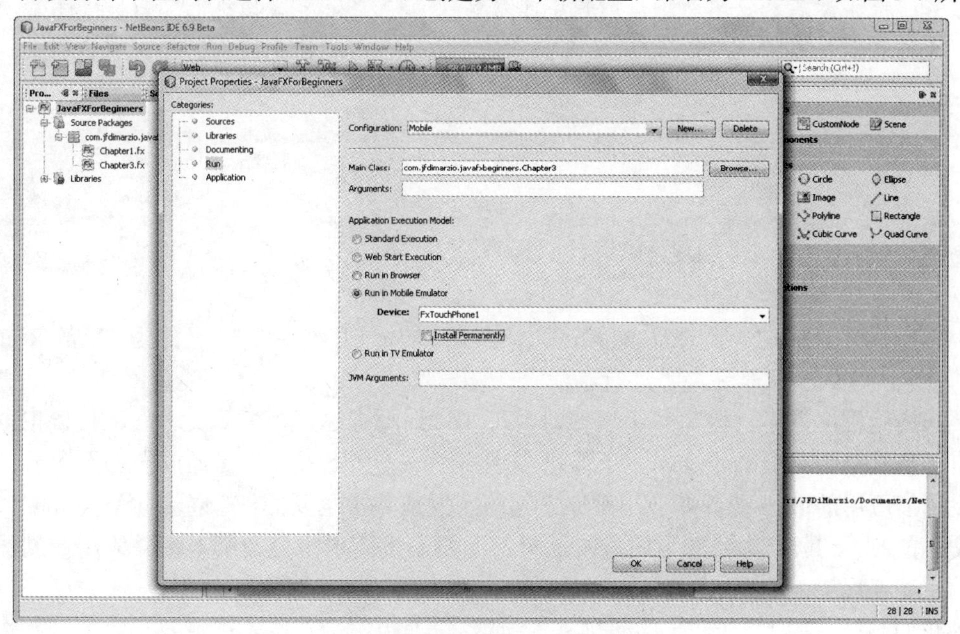

图 3-7　创建 Mobile 配置

在 Application Execution Model 选项区选择 Run in Mobile Emulator，单击 OK 按钮。使用 Mobile 配置文件再次运行应用程序，结果如图 3-8 所示：

图 3-8　在手机模拟器环境中运行

请注意这次文本是“mobile”，配置文件常量已经识别了当前运行的配置文件类型。

专家释疑

问：应用程序和小程序之间的区别是什么？

答：根据最基本的定义，应用程序可以单独运行在 Java 虚拟机上，而小程序必须运行在浏览器窗口内(或以浏览器为主机)。JavaFX 能在上述两种情况下运行，这是它最大的特点之一。

试一试　　创建 TV 运行配置

最后再尝试修改一次 Run 配置。用本节学到的知识，创建一个名称为 TV 的 Run 配置，使它在 TV 模拟器环境下运行。

当应用程序在手机模拟器中运行时，可注意到没有标题栏分隔文本。手机模拟器中仅有手机屏幕上方分隔了文本，不像小程序那样——文本看起来是漂浮在页面上。

弄清可用的 Run 配置和应用程序之间的区别是非常重要的，观察这三个 Run 配置显示文本的(或是其他节点)的不同方式，可帮助我们按需求来更改脚本，并为用户创建更好的富交互环境。

我们已经掌握了 JavaFX 的两项基本技能之一，也学会在脚本中放置一个节点并将其显示在窗口上的基础知识。虽然这个过程表面上看起来仅仅是在屏幕上显示了简单的文本，但这是使用其他 JavaFX 节点的基础。

下一节将学习在脚本中添加函数的方法。函数将有助于改变节点属性的行为。

3.1.4 添加函数

学习过在脚本中添加节点后，可能会想知道如何利用这些简单的节点来创建富交互应用环境。答案就是像 Text 节点和 Scene 这样的节点仅是整个 JavaFX 体验中非常小的一部分。

让 JavaFX 应用程序更强大的一条途径就是使用函数。

函数是脚本中一段定义的代码块，它能完成一项完整的工作并向调用代码返回结果。在脚本中使用函数的优势是能更有力的控制程序。

脚本函数入门

脚本函数是定义在类之外，可在脚本中任何位置被调用。这意味着可创建一个函数来完成特定的任务并可不限位置和次数的在脚本中任意调用它。

可把脚本函数想象为技术支持呼叫中心，而用户是脚本文件。可以呼叫技术支持中心来完成一项自己不能单独完成的任务。中心接到呼叫后开始工作，然后把结果交还给用户，最后用户中止呼叫去做自己的事情。脚本函数的工作原理就是这样。

定义脚本函数时使用 function 关键字，其语法如下：

```
function <function name> ( <function parameters> )
<: return type> { <function code> }
```

首先最重要的是 function 关键字，它告诉编译器大括号之间(就是{}之间)的一切就是要被编译的函数。编译器用一种允许脚本的其他部分调用并使用其返回值的方式将函数的代码放在一起。

```
function {}
```

其次<function name>是指定的函数名，用来与脚本中的其他函数进行区分。给函数命名时，尝试使用能描述函数作用的动作词汇，比如 paintCar、addValues 或 getTextFromBox 等。注意函数名的第一个字母总是小写，其他词的首字母大写，这种风格称作驼峰命名。

说明：

编译器没有强制要求函数名采用驼峰命名法，所以函数命名为 addValues 或 AddValues 编译时都不会报错。但该命名法是 Java 开发人员所遵循的规范，这会成为一个好的习惯，使代码看起来更专业。

某些情况下函数是不需要名字的。比如，正创建的函数被当作一个节点具体属性的值，本书的后面内容将看到这种情况，所以现在假定所有的函数都有名字。

```
function addValues() {}
```

函数名之后是参数列表，它是要被传递到函数内的。例如，addValues 函数如果没有值要相加就失去作用。可以为函数设置输入参数，以便将值传递给函数，函数可在代码正文部分使用这些值。下面的例子中 addValues 函数有两个输入参数。

说明：

所有输入参数应放在函数名后面的括号内，并用逗号分开。

```
function addValues(valueA, valueB) {}
```

返回值类型位于函数名圆括号后，它告诉编译器函数运行完后返回给调用代码值的类型。比如，一个函数将两个值相加后产生一个结果，那么返回的结果应该是 double 型值。

```
function addValues(valueA, valueB) : Double {}
```

说明：

有时函数的返回值没有相应的类型，或者函数可能根本不需要返回值。这时将函数类型声明为 void 是不错的选择。完全省略类型指示的函数仍然可以使用，但最好还是将其声明为 void。

最后，函数体或代码应该放置在大括号之内，它是函数的主体，完成函数的所有工作。如果函数返回了一个特定的值，return 关键字将值推送给主调代码。

```
function addValues(valueA, valueB) : Double {
        return (valueA + valueB);
}
```

说明：

函数后不能有分号(;)，但是函数体内每行代码应该有。

现在已经学习了编写函数的过程，下面将创建一个函数来实现在屏幕上书写一行文本，该函数命名为 sayHello，不需要输入参数，只返回一个 String 型值，书写时不要忘记开始和结束的大括号。

根据现在的脚本，在 Stage 的正上方编写函数，如果函数代码正确的话，应该如下所示：

```
/*
 * Chapter3.fx
 *
 * v1.0 - J. F. DiMarzio
 *
 * 5/3/2010 - created
 *
 * First JavaFX Text sample - HelloWorld
 *
 */
```

```
package com.jfdimarzio.javafxforbeginners;

import javafx.stage.Stage;
import javafx.scene.Scene;
import javafx.scene.text.Text;
import javafx.scene.text.Font;

/**
 * @author JFDiMarzio
 */

function sayHello() :String{
    return "";
}

Stage {
      title : "Hello World"
      onClose: function () { }
      scene: Scene {
            width: 200
            height: 200
            content: [
                    Text {
                        font : Font {
                               size: 26
                                   }
                        x: 10, y: 30
                        content: {__PROFILE__}
                       }
                    ]
            }
}
```

说明：

一旦为函数指定了返回类型，就必须返回一个该类型的值。本例中函数还没写完，所以返回了空字符串("")。

因为函数的返回值是 String 型，所以需编写函数体给主调代码传递一些文本，本例中要返回“Hello – from a function”字符串，最简单的方法是在 return 关键字后书写希望函数返回的文本字符串。

```
function sayHello() :String{
              return "Hello - from a function.";
}
```

现在函数已经完成。任何时候调用该函数都将获得“Hello – from a function”短语。该字符串可用在脚本中其他所需的地方。比如，可使用该函数向 Text 节点传递要显示在应用程序窗口的字符串。

Text 节点应该修改为调用 sayHello()函数，做此修改的逻辑位置是 Text 节点的 content 属性，当前 text 节点的 content 属性显示如下

```
Text {
        font : Font {
            size: 26}
        x: 10, y: 30
        content: {__PROFILE__}
    }
```

请注意当前可直接指定 Content 属性的值是{__PROFILE__}常量的值，可调用新创建的函数来替换它。该函数返回一个 String 型值，而 content 属性使用其返回值就像直接使用字符串赋值一样。

```
Text {
                    font : Font {
                    size: 26}
                x: 10, y: 30
                content: sayHello();
                }
```

全部脚本显示如下：

```
/*
 * Chapter3.fx
 *
 * v1.0 - J. F. DiMarzio
 *
 * 5/3/2010 - created
 *
 * First JavaFX Text sample - HelloWorld
 *
 */

package com.jfdimarzio.javafxforbeginners;

import javafx.stage.Stage;
import javafx.scene.Scene;
import javafx.scene.text.Text;
import javafx.scene.text.Font;

/**
 * @author JFDiMarzio
 */
```

```
function sayHello() :String{
    return "Hello - from a function.";
}

Stage {
      title : "Hello World"
      onClose: function () { }
      scene: Scene {
             width: 200
             height: 200
             content: [
                     Text {
                         font : Font {
                               size: 26
                               }
                         x: 10, y: 30
                         content: sayHello();
                        }
                     ]
             }
}
```

使用默认的 Run 配置运行应用程序，将看到文本“Hello – from a function”，如图 3-9 所示。

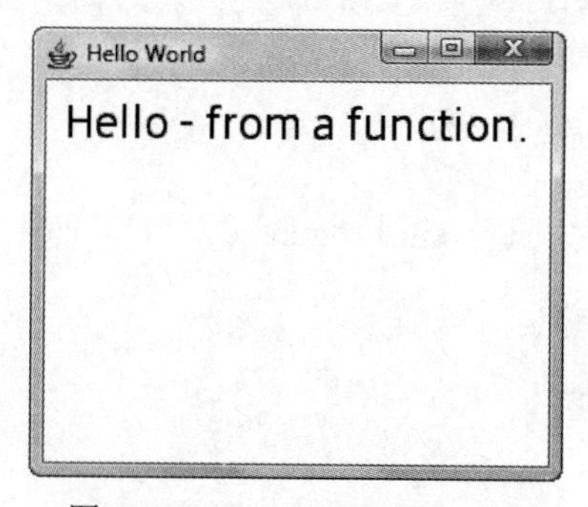

图 3-9　Hello – from a function

说明：

将 JavaFX 应用程序窗口展开可看到所有的文本。

本节学习了如何将 Text 节点输出到屏幕上、函数的定义以及在 Text 节点的 content 属性使用函数返回值的方法等知识。下一节将学习使用函数显示文本的更多方法。

3.1.5　Text 节点的绑定

JavaFX 有个非常实用的关键字 bind，它最基本的作用是将一个值和另外一个关联起来。但它更强大的作用是可将一个属性值和另外一个值相绑定，即便后者是变化的。

使用绑定具有很多优势，因为将一个属性绑定到一个变量，如果变量的值改变，那么它绑定的属性值也自动改变。下面我们了解绑定 Text 节点的方法。

1. 创建变量

JavaFX 中的变量有两种定义方法：使用 var 关键字或使用 def 关键字。JavaFX 中使用的大多数变量都是用 var 关键字定义的。使用 var 定义的变量可以随意进行读写。def 关键字定义的变量也是可读可写。它们之间的区别是 def 定义的变量只能赋初始值，随后就不能更改。

下面的代码定义了一个名为 helloWorld 的变量。

```
var helloWorld = "";
```

说明：

JavaFX 的变量名也要遵循命名规范。虽然编译器不强制要求，但是还是要按驼峰命名法。而且尽管“$”和“_”符号可用于变量名的首字母，但应尽量避免这样做。

现在已经定义好 helloWorld 变量，接下来就是使用变量了。但是需要对代码稍做调整。我们已经注意到没有为 helloWorld 变量指定类型，这样做是合法的，因为 JavaFX 会根据变量的值来决定变量的类型。如果给变量赋值 3，那么 JavaFX 将变量指定为 Integer；如果赋值“Hello”，就指定为 String(字符串)型。

让系统推断变量类型是很有用的，但这将比显式指定变量类型要占用额外的资源。同时如果脚本很复杂且需要的变量类型也复杂，那么靠系统推断是不可行的，也容易出错。因此，既然已知 helloWorld 变量是 String 类型，那就花点时间写上正确的变量类型。如下所示：

```
var helloWorld :String = "";
```

创建一个赋值函数，名为 sayHelloFromBind，将字符串“Hello – From bind”赋给 helloWorld 变量。

```
function sayHelloFromBind(){
   helloWorld = "Hello - From bind.";
}
```

用刚定义的新变量和 sayHelloFromBind()函数替代先前的 sayHello()函数，脚本显示如下：

```
import javafx.stage.Stage;
import javafx.scene.Scene;
import javafx.scene.text.Text;
import javafx.scene.text.Font;

var helloWorld :String = "";
function sayHelloFromBind(){
   helloWorld = "Hello - From bind.";
}

Stage {
```

```
        title : "Hello World"
        onClose: function () { }
        scene: Scene {
              width: 200
              height: 200
              content: [
                      Text {
                          font : Font {
                          size: 26}
                      x: 10, y: 30
                      content: ""
                      }
                  ]
              }
}
```

创建变量和函数后，就将 Text 节点的 content 属性绑定到 helloWorld 变量了。

2. 绑定 helloWorld

绑定 helloWorld 变量非常简单，bind 关键字后面紧随待绑定的变量名即可。后带变量名的 bind 关键字可用于希望绑定的属性值。看看下面的代码段就理解绑定的使用方法了。

```
content: bind helloWorld;
```

这就是将值绑定到变量。sayHelloFromBind()函数中指定的值 helloWorld，将在函数被调用时显示在屏幕上。

下面一行代码是调用 sayHelloFromBind()函数。

```
sayHelloFromBind();
```

脚本如下所示：

```
/*
 * Chapter3.fx
 *
 * v1.0 - J. F. DiMarzio
 *
 * 5/3/2010 - created
 *
 * First JavaFX Text sample - HelloWorld
 *
 */

package com.jfdimarzio.javafxforbeginners;

import javafx.stage.Stage;
import javafx.scene.Scene;
```

```
import javafx.scene.text.Text;
import javafx.scene.text.Font;

/**
 * @author JFDiMarzio
 */
var helloWorld :String = "";
function sayHelloFromBind(){
   helloWorld = "Hello - From bind.";
}
sayHelloFromBind();
Stage {
      title : "Hello World"
      onClose: function () { }
      scene: Scene {
            width: 200
            height: 200
            content: [
                    Text {
                        font : Font {
                              size: 26
                              }
                        x: 10, y: 30
                        content: bind helloWorld;
                         }
                    ]
            }
}
```

如果按照代码的逻辑，首先看到 helloWorld 变量赋了空字符串(“”)，接着调用 sayHelloFromBind() 函数将 helloWorld 变量的值改变为“Hello - From bind.”。现在运行应用程序可看到如图 3-10 所示的结果：

图 3-10 绑定值运行结果

第 4 章学习在屏幕上绘制图形。

3.2　自测题

1. Text 节点中需要定义的 4 个基本属性是什么？
2. Palette 菜单的哪一项能找到 Text 节点？
3. 脚本按 Desktop 应用程序运行要使用哪个 Run 配置？
4. 创建函数时在哪里指定输入参数？
5. 函数名 MyFunction 是按照正确的命名规范，正确还是错误？
6. 函数返回一个值要使用哪个关键字？
7. 请说出创建变量时要用到的两个关键字。
8. 如何指定变量类型为字符串型？
9. 关键字 bind 用来绑定一个变量并使其不再变化，正确还是错误？
10. 将 tooMuchText 变量绑定到 content 属性的语法是什么？

第4章

创 建 图 形

重要技能与概念：

- 在屏幕上绘制线条
- 使用上下文菜单
- 创建复杂图形

本章将学习在屏幕上绘制图形的方法。图形能增加应用程序的趣味性和表现力。本章首先学习如何绘制基本线条，接着学习绘制折线图形和直线型图形，最后是绘制多边形和曲线图形。

说明：

如果对游戏开发或是其他动画多媒体感兴趣，那么绘制多边形是很重要的知识，这是创建多数 3D 对象的基础。

4.1 绘制图形

本章将不使用代码段菜单在应用程序中绘制图形。代码段是个非常好、非常方便的工具，能快速插入所需的代码。但是如果过分依赖这种自动生成的代码，则不易掌握自己添加元素的方法。学习一门新语言的目的是获得编写代码的知识和技能，但是如果仅依赖代码段工具那就无法真正学习到这些知识。

下面 6 小节的内容将依次学习如何在屏幕上绘制线条、复杂图形包括多边形和椭圆，最后在应用特效之前学习在屏幕上绘制预渲染图像。

4.1.1 准备工作

开始之前要准备好项目。本章的所有内容都在一个脚本文件中完成。创建一个新的 Chapter4.fx 脚本文件(可使用空的 JavaFX 文件模板)，用第 2 章学过的知识创建一个 Stage 对象和一个 Scene 对象。

说明：

总是需要将本章用到的文件设置为项目的主类文件。右击 Project 选择 Properties | Run Properties，设置当前文件 Chapter4.fx 为主类。

继续本章学习之前，请确保 Chapter4.fx 文件中的代码如下所示：

```
/*
 * Chapter4.fx
 *
 * v1.0 - J. F. DiMarzio
 *
 * 5/11/2010 - created
 *
 * Creating basic shapes
 *
 */
package com.jfdimarzio.javafxforbeginners;
import javafx.stage.Stage;
import javafx.scene.Scene;

/**
 * @author JFDiMarzio
 */
```

```
Stage {
    title : "Basic Shapes"
    onClose: function () { }
    scene: Scene {
        width: 200
        height: 200
        content: [ ]
    }
}
```

4.1.2 线条和折线

线条是图形的基本形式，几乎所有可能想象的图形都是有一个或多个线条组成。正方形和三角形是由一组直线组成，圆和椭圆是由一组曲线构成，因此了解绘制线条的方法是至关重要的。

既然所有图形的基础是线条，那么本章首先学习绘制线条。

线条是什么？这看起来是个很基本的问题，从我们入学时就开始使用铅笔、蜡笔以及记号笔在纸上绘制线条。由这些经验就能理解 JavaFX 中线条的概念了。

当在纸上绘制线条时，将蜡笔放在一个端点并拖到另外一个点，抬起蜡笔，所画线条的粗细、颜色和蜡笔相同。这些逻辑同样能应用到 JavaFX 中线条的绘制。

JavaFX 中绘制线条需要告诉编译器线条的起点和终点，并指定 startX、startY 和 endX、endY 的值，编译器根据这些信息在两个点之间绘制线条。

说明：
起点和终点的表达方式使用第 3 章中讲解的直角坐标系。

首先在脚本中要指定一个 import 语句，它包含了绘制线条的代码。编译器需要 line 程序包来了解脚本的工作内容，并据此画出线条。

在 chapter4.fx 脚本文件的最顶部，且在已有的 import 语句之下，包含下列语句：

```
import javafx.scene.shape.Line;
```

现在学习绘制线条的两种不同的快捷方式。第一种，将光标至于脚本 Scene 对象 content 属性的括号内([和]之间)，输入“Line”，接下来输入开始和结束的大括号({})，将光标置于大括号，现在要弹出上下文菜单完成其余的工作。

如果光标还在大括号内，按 CRTL+SPACEBAR 快捷键弹出上下文菜单，如图 4-1 所示。

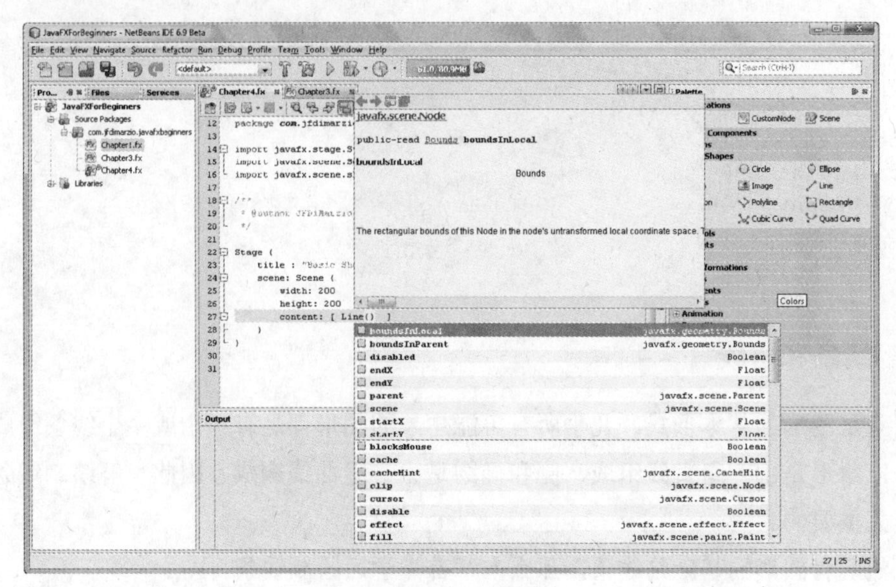

图 4-1　上下文菜单

上下文菜单是非常有用的工具，它能在脚本特定的位置显示所有可用的选项，使用它能发现很多用户不了解的属性和元素，甚至可看到能赋属性的一些值。

如果在元素名后大括号前打开上下文菜单，将显示该元素的结构。如果在元素的大括号内打开上下文菜单，它将显示该元素可用的属性。因为经常要使用上下文菜单，所以要记住它的快捷键是 CRTL+SPACEBAR。

如图 4-1 所示，上下文菜单当前选择为一属性，按回车键将在脚本中插入该属性。

注意上下文菜单，要插入的属性是 startX，它是绘制线条专门要用到的四个属性之一。确保 startX 属性突出显示，然后按回车键。

上下文菜单插入了 startX 属性和一个冒号(:)，如图 4-2 所示。

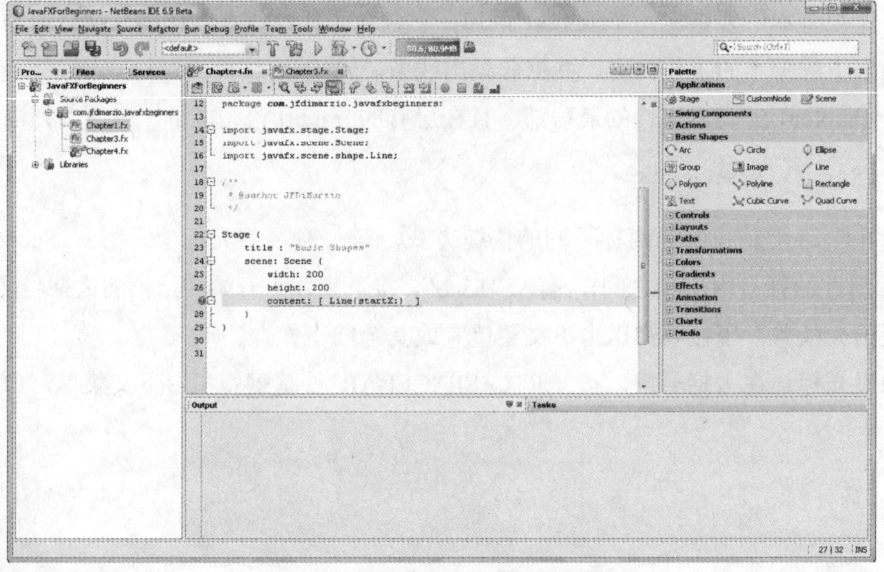

图 4-2　使用上下文菜单添加属性

为 startX 属性指定值为 10。记住，一个元素的众多属性之间用逗号、分号或无间隔分开。实际上 JavaFX 对属性界定符是非常宽松的，虽然这样，但还是尽量坚持使用分号，这样做是很规范的，所以要在 startX 的值后面插入一个分号。再次打开上下文菜单插入 startY 并指定值为 10。

下面将从点 x10、y10 到点 x150、y150 绘制线条。正如刚才看到的分别为 startX 和 startY 指定值 10 的过程，使用上下文菜单为 endX 和 endY 指定正确的值。完成的代码如下：

```
package com.jfdimarzio.javafxforbeginners;
import javafx.stage.Stage;
import javafx.scene.Scene;
import javafx.scene.shape.Line;

/**
 * @author JFDiMarzio
 */
Stage {
    title : "Basic Shapes"
    scene: Scene {
        width: 200
        height: 200
               content: [ Line {startX : 10;
                          startY : 10;
                          endX : 150;
                          endY : 150;
                          }
                        ]
    }
}
```

运行脚本将看到一个线条如图 4-3 所示。

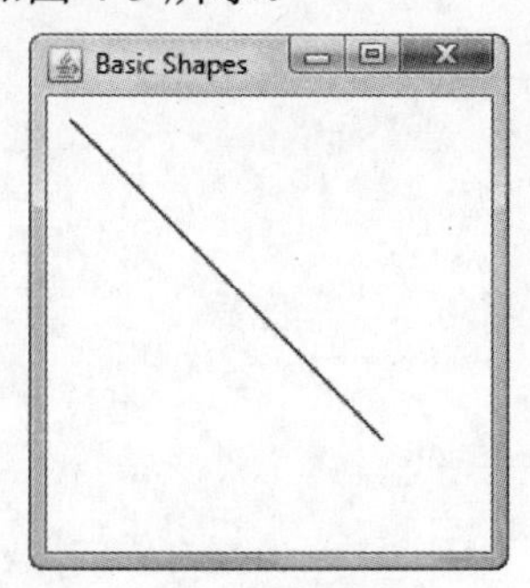

图 4-3 线条

它看起来是个不错的线条，这说明我们的程序正确。但从各方面考虑，这个线条不是那么具有吸引力，我们可为该线条指定几个属性使其更有趣味。下面讨论的内容展示了 Line 元素所有属性的细节。

首先，让线条粗点。向 Line 元素添加一个 strokeWidth 属性。就像它名字的含义一样，strokeWidth 控制着 Line 元素的粗细或宽度。为其指定值 15，这样线条就显得就突出了。

为线条增加点颜色会使其更出彩。Color 属性是图形的一个常见属性。使用 color 属性需引入 javafx.scene.paint.Color 程序包，所以在脚本中添加下面的导入语句。

```
import javafx.scene.paint.Color;
```

如果要为 Line 元素添加漂亮的暗红色，则创建一个 stroke 属性，并指定其值为 Color.TOMATO。stroke 属性的作用就像画笔的笔尖，包含了颜色、渐变及其他使图形美观亮丽的细节信息。这是 stroke 属性的代码：

```
stroke : Color.TOMATO
```

新的 Line 元素应该包含下面的属性和值：

```
Line {startX : 10;
        startY : 10;
        endX : 150;
        endY : 150;
        strokeWidth: 15;
        stroke: Color.TOMATO
}
```

运行脚本将看到一条漂亮的红色线条从屏幕的左上角延伸到右下角。

下面绘制三条线条组成字母 U 的图形。尝试自己布局三条线的位置，第一条应该在屏幕的左边，第二条应该在底部，从第一条线的下端点到屏幕的右侧，最后第三条线应该在屏幕的右侧，从第二条线的右端点到顶部。完成后的代码如下：

```
package com.jfdimarzio.javafxforbeginners;
import javafx.stage.Stage;
import javafx.scene.Scene;
import javafx.scene.shape.Line;
import javafx.scene.paint.Color;

/**
 * @author JFDiMarzio
 */
Stage {
    title : "Basic Shapes"
    scene: Scene {
        width: 200
        height: 200
        content: [Line {
            startX : 10;
            startY : 10;
            endX : 10;
            endY : 100;
            strokeWidth : 15
```

```
            stroke: Color.TOMATO;
        }
        Line {
            startX : 10;
            startY : 100;
            endX : 100;
            endY : 100;
            strokeWidth : 15;
            stroke: Color.TOMATO;
        }
        Line {
            startX : 100;
            startY : 100;
            endX : 100;
            endY : 10;
            strokeWidth : 15
            stroke: Color.TOMATO;
            }
        ]
    }
}
```

运行代码，结果如图 4-4 所示。

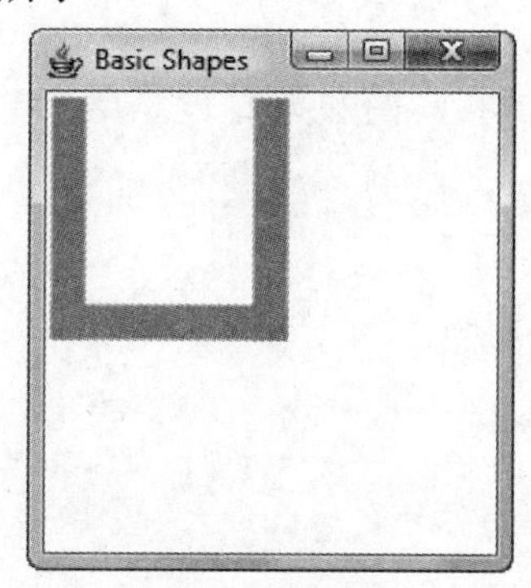

图 4-4　三条线

用独立的线条绘制各种图形并按想象进行配置对于开发人员来说是很耗费时间的。如果必须绘制单个线条，每次只画一条来组成简单的图形，试想一下会是什么样。幸运的是还有另外一种折线工具，它可以为线条指定不止一个的端点和终点，这样就可以用很少的代码来绘制复杂的线条。下面尝试使用 Polyline 元素来绘制由三条线组成的 U 形。

如果要使用 Polyline 元素，首先要引入 Polyline 程序包。由于折线使用的代码和直线的不同，所以需单独引入折线代码使用的程序包。

```
import javafx.scene.shape.Polyline;
```

引入程序包后，再次将光标至于 Scene 对象的 content 属性并输入 Polyline，打开上下文菜单浏览可用的属性。

注意，这里没有定义 startX 和 startY，Polyline 节点使用 points 属性。该属性需要数组型的值。

说明：
数组是数值的集合，可作为一个值引用。在 JavaFX 中，数组出现在括号之间。

提示：
content 属性接受数组型的值。

为 Polyline 元素指定一个点值数组，它将知道第一个点值就是起点，最后一个值就是终点。Polyline 元素代码将自动在这两个端点之间绘制线条，最后停在数组的其他点位置。在 Polyline 中使用点值数组可以轻松的再现用 Line 元素绘制的 U 型图形。

与 Line 例子中图形匹配的点值数组应该是这样：

```
[10,10, 10,100, 100,100, 100,10]
```

注意，数组中的值用逗号分隔开。

提示：
为使数组看起来容易理解，可在 x、y 对值之间增加空格。数组中的空格可被编译器忽略，但增加了可读性。

运行下面代码，生成和上例相同的 U 形，但是用了更少的代码。

```
package com.jfdimarzio.javafxforbeginners;

import javafx.stage.Stage;
import javafx.scene.Scene;
import javafx.scene.paint.Color;
import javafx.scene.shape.Polyline;

/**
 * @author JFDiMarzio
 */
Stage {
    title : "Basic Shapes"
    scene: Scene {
        width: 200
        height: 200
        content: [Polyline {
                                points : [10,10, 10,100, 100,100, 100,10];
                                strokeWidth : 15;
                                stroke: Color.TOMATO
                                }
                  ]
            }
}
```

浏览 Polyline 元素其他的属性，发现很多属性和 Line 元素的一致。这样脚本从 Line 元素移植到 Polyline 元素就非常便捷易行了。

本节学习了如何在屏幕上创建并绘制简单的线条，下一节将使用前面学习的一些知识来创建更复杂的图形，比如直线形和曲线形的对象。

4.1.3 矩形

JavaFX 中的 Rectangle 元素指的是矩形或正方形，可用于绘制任何平行四边形。鉴于长方形和正方形之间唯一区别在于边长，那么同一元素用来绘制两个图形才具有意义。

上一节学习了 Polyline 使用点值数组来创建多线条图形，相比之下 Rectangle 元素精简了绘制过程，它仅需要指定一个点即可。创建矩形时，仅需指定图形左上角的点值，再加上定义的高度和宽度值就可以了。

创建矩形所需的代码包含在一个单独的程序包内，它包含了 JavaFX 创建矩形的核心代码。所以创建矩形之前要引入 javafx.scene.shape.Rectangle 程序包，因此在脚本文件中插入下面的导入语句：

```
import javafx.scene.shape.Rectangle;
import javafx.scene.paint.Color;
```

绘制的矩形起始点位于 x10、y10，高 150 像素，宽 100 像素。

说明：

不要被高度这个词迷惑，矩形的高度实际是从起始点向下计算(不是向上)，所以矩形的起始点为(1,1)高度 100，是从(1,1)点向下延伸 100 像素。

矩形元素需指定如下 7 个属性：

- **x**　矩形左上角的 x 轴坐标
- **y**　矩形左上角的 y 轴坐标
- **width**　矩形宽度
- **height**　矩形高度
- **fill**　矩形内部区域填充色
- **stroke**　绘制矩形线条的属性
- **strokeWidth**　绘制矩形的线条宽度

对于前 4 个属性，不言而喻很容易确定值，如下所示：

```
Rectangle{
     x: 10;
     y:10;
     width: 100;
     height: 150;
}
```

剩下的三个属性可能需要解释一下，所有的基本图形除了线条和折线外，默认都是填充 Color.BLACK 颜色。根据本例的要求，仅要看到矩形的线条。所以如果不填充颜色仅暴露四边，必须明确设定 fill 属性值为 null。

最后，stroke 和 strokeWidth 属性与上节设置的相同，即 stroke 属性为 Color.BLACK，strokeWidth 属性为 5。记住，stroke 和 strokeWidth 属性仅指矩形的边框，而不是内部区域。

完成的 Rectangle 代码如下所示：

```
Stage {

    title : "Basic Shapes"
    scene: Scene {
        width: 200
        height: 200
        content: [Rectangle {
            x : 10;
            y : 10;
            width : 100;
            height : 150;
            fill: null;
            stroke: Color.BLACK;
            strokeWidth : 5
          }
        ]
    }
}
```

提示：

要查看矩形的填充效果，删除 fill 属性或者为其指定具体的颜色。

注意，stroke 属性控制线条的颜色，而 fill 属性控制内部区域颜色，这就意味着可以为矩形的线条和填充区域分别设置不同的颜色，下面是一个示例：

```
Rectangle {
               x : 10;
               y : 10;
               width : 100;
               height : 150;
               fill: Color.BLUE;
               stroke: Color.RED;
               strokeWidth : 5
}
```

Rectangle 元素还有两个很有趣的属性需要注意。如果要使矩形的方角变成圆角，可使用 arcWidth 和 arcHeight 属性来控制。它们是用来定义圆角矩形时用到的一些圆弧。

arcWidth 和 arcHeight 属性不能用于 Line 和 Polyline 元素，因为这样做将线条和折线变成了圆弧。本章后面的内容会讲到圆弧的知识。

尝试用下面的代码将矩形变成圆角矩形。

```
Stage {
    title : "Basic Shapes"
    scene: Scene {
        width: 200
        height: 200
        content: [Rectangle {
            x : 10;
            y : 10;
            width : 100;
            height : 150;
            fill: null;
            stroke: Color.BLACK;
            strokeWidth : 5;
            arcWidth : 20;
            arcHeight : 20
        } ]
    }
}
```

现在已经学习了如何在屏幕上绘制矩形，下面该学习绘制更复杂的图形—多边形。下一节将讨论使用 JavaFX 脚本在屏幕上绘制多边形的方法。

4.1.4 多边形

多边形(Polygon)相对于矩形就像折线和直线的关系。Polygon 元素的组成和 Polyline(本章的前面讨论过)的相似，而 Line 元素和 Rectangle 元素接受一个固定坐标值的点，Polyline 和 Polygon 元素接受一个点值数组。

与 Polyline 元素工作模式相同，Polygons 元素将绘制点值数组中所有点之间的线条。

说明：

Rectangle 元素使用颜色的规则同样也适用于 Polygon 元素。所有多边形元素默认都填充黑色。同样，线条颜色和填充颜色分别有 stroke 属性和 fill 属性控制。

下面的代码示例中使用 Polygon 元素在屏幕上绘制了一个简单的八边形。

```
package com.jfdimarzio.javafxforbeginners;
import javafx.stage.Stage;
import javafx.scene.Scene;
import javafx.scene.shape.Polygon;

/**
 * @author jdimarz
 */

Stage {
    title : "Basic Shapes"
    scene: Scene {
        width: 400
```

```
        height: 400
        content: [Polygon {
        points: [
               90,80,
               190,80,
               240,130,
               240,220,
               190,270,
               90,270,
               40,220,
               40,130 ]
        }]
    }
}
```

注意，绘制过程中无须为多边形指定起点和终点，JavaFX 自动连接点值数组中的第一个值和最后一个来绘制图形。

下一节学习绘制曲线图形如弧线、圆和椭圆的方法。

4.1.5 弧线

从表面上看圆弧是很简单的图形，但是用计算机处理起来却非常困难。人们看到圆弧会想到它就是圆的一部分，而对于计算机来说它却是由复杂的半径、圆心、角度以及圆周长度组成的。

Arc(弧线)元素具有 7 个基本属性。由于绘制弧线比直线要复杂得多，所需的属性也不像已学过章节中那些元素的属性，所以有必要做些解释。首先引入下面的程序包：

```
import javafx.scene.shape.Arc;
import javafx.scene.shape.ArcType;
```

第一组必要属性是 centerX 和 centerY：

```
centerX: 125;
centerY: 125;
```

在我们看来弧线是圆的一个片段，但 JavaFX 认为弧线是只画圆的一部分，所以 centerX 和 centerY 属性代表弧线所在圆的圆心。

下一对属性是 radiusX 和 radiusY：

```
radiusX: 50;
radiusY: 50;
```

圆上每个点距离圆心都有一定距离，这个距离就是半径。Arc 元素需要指明半径，但是这个属性的命名上有一些混淆。radiusX 和 radiusY 属性不代表一个点，而是代表半径沿 x 和 y 轴的长度。用两个单独的半径长度可以绘制椭圆形的弧线。

提示：

绘制圆形弧线时，将 radiusX 和 radiusY 属性设置为相同值。

第三个必要属性是 startAngle(起始角)：

```
startAngle: 45;
```

startAngle 属性代表圆心到弧线起点之间的连线和水平线之间的夹角。startAngle 值为 45 表示弧线从圆心 45 度角的位置开始。

第四个必要属性是弧线的 length(长度)：

```
length: 270;
```

目前为止和长度相关的其他属性如宽度、高度等都是基于像素的长度。Arc 元素的长度属性代表弧线从起始点开始所覆盖的角度。如果弧线长度是 270，那么代表弧线从起始点开始围绕圆心旋转了 270 度。

第五个属性是 type(类型)：

```
type: ArcType.OPEN;
```

Arc 元素的 type 属性描述了绘制弧线的方式。该属性可使用三个不同的 ArcType 值：

- **ArcType.OPEN** 按开放式曲线绘制弧线。
- **ArcType.ROUND** 绘制弧线并连接两个端点到圆心，就像扇形图。
- **ArcType.CHORD** 绘制弧线并连接两个端点。

最后一个需设置的属性是 fill 属性，它和其他图形元素的 fill 属性含义一样。按照本例的要求，将 fill 属性设置为 null。

stroke 和 strokeWidth 是可选属性，设置方法和前面的学过的相同。运行下面的代码，创建一个看起来像扇形的弧线。

说明：

填充图形需引入 javafx.scene.paint.Color 程序包。

```
Stage {
    title : "Basic Shapes"
    scene: Scene {
        width: 200
        height: 200
        content: [Arc {
            centerX: 125;
            centerY: 125;
            radiusX: 50;
            radiusY: 50;
            startAngle: 45;
            length: 270;
            type: ArcType.ROUND;
            fill: null;
```

```
                stroke: Color.BLACK;
                strokeWidth: 5
                }
            ]
    }
}
```

尽管绘制弧线需要一些陌生的属性，但是了解了每个属性的作用后就变得非常简单了。

下一节将学习绘制圆和椭圆元素。

4.1.6　圆和椭圆

绘制过弧线后，使用 JavaFX 绘制圆形就显得非常容易了。Arc 元素需要 7 个属性来控制角度、长度以及其他要素，而 Circle 元素仅需 3 个属性。但在绘制圆形之前，必须引入相应的程序包。

```
import javafx.scene.shape.Circle;
import javafx.scene.paint.Color;
```

绘制圆形的三个必要属性是 centerX、centerY 和 radius(半径)属性，它们的功能和在 Arc 元素中一样。

说明：
圆形只需一个半径值，不像弧线那样需要高和宽两个方向的半径。原因是圆不是扁长形的，所以沿各个轴的半径值都相同。

用一些简单的属性值使圆形在应用程序中更容易绘制和使用。以下代码绘制了一个黑色边框的圆。

```
Stage {
    title : "Basic Shapes"
    scene: Scene {
        width: 200
        height: 200
        content: [Circle {
                    centerX: 100;
                    centerY: 100;
                    radius: 50;
                    fill: null;
                    stroke: Color.BLACK;
                    strokeWidth: 5
                   }
                 ]
     }
}
```

可使用相同的过程来绘制椭圆，两者之间不同之处是椭圆是扁长的，需要一对半径

x、y值，而不是一个。下面是具体代码：

```
/*
 * Chapter4.fx
 *
 * v1.0 - J. F. DiMarzio
 *
 * 5/11/2010 - created
 *
 * Creating basic shapes
 *
 */

package com.jfdimarzio.javafxforbeginners;

import javafx.stage.Stage;
import javafx.scene.Scene;
import javafx.scene.shape.Ellipse;
import javafx.scene.paint.Color;

Stage {
    title: "Basic Shapes"
    scene: Scene {
        width: 200
        height: 200
        content: [Ellipse {
            centerX: 50,
            centerY: 50,
            radiusX: 35,
            radiusY: 20,
            fill: null;
            stroke: Color.BLACK;
            strokeWidth: 5
        }
        ]
    }
}
```

试一试　创建多个图形

开始学习下一章之前，花些时间练习新学的绘图技能。尽管这看起来是相当初级的工作，但在开发过程中有大量的此类工作要做。从设计一个按钮到绘制一个面具都需要使用到简单图形。

尝试在同一个 Scene 中添加多个图形。设置不同的尺寸和位置避免图形的重叠，练习如何控制它们使其相邻或重叠。

通过练习可全面掌握在 Scene 对象中布置元素的方法，这些对以后的开发工作都非常有用。

本章学习了不使用代码段菜单来创建一些基本图形的方法。练习了绘制线条、折线、矩形、弧线、圆形和椭圆，也学习了一个非常有用的工具——上下文菜单。这些技能和知识对学习后面的内容有很大的帮助。

下一章将学习创建和使用色彩的方法，以及应用不透明度和旋转等效果的方法。

4.2 自测题

1. 绘制线条需要哪 4 个属性？
2. 如何打开上下文菜单？
3. 属性定义后面可使用哪 3 个界定符？
4. 绘制图形时线条的粗细用哪个属性控制？
5. 绘制折线时需要引入哪个程序包？
6. Polyline 元素的 points 属性需要指定什么类型的值？
7. Rectangle 元素的 height 属性值是从起始点到矩形顶部的像素数，正确还是错误？
8. Rectangle 元素的 fill 属性的默认值是什么？
9. radiusX 和 radiusY 属性包括了半径延伸的点，正确还是错误？
10. 哪个属性设置圆的半径？

第5章

使用颜色和渐变

重要技能与概念:

- 创建混合色
- 图形应用颜色
- 使用渐变色

本章将更深入地了解 JavaFX 中功能强大的颜色和渐变工具。第 4 章学习了在图形中如何应用基本的预定义颜色，本章将学习如何混合颜色以及如何将这些颜色应用到图形和渐变中。

5.1 使用颜色

Color 类是一个强大的类，有 148 种预定义颜色。第 4 章仅使用其中的一两种颜色来为 Line 节点填充纯色，这只是展现 Color 类强大功能的一个小例子。

Color 类有 4 种不同的使用方式，每种方式都提供了全方位的颜色使用方案。可调用 Color 类使用其预定义颜色，如 RGB 值、HSB 值或 web 十六进制值。

下一节学习更多关于预定义颜色的知识，随后将学习使用颜色的其他方法。

5.1.1 预定义颜色

Color 类包含在 javafx.scene.paint.Color 程序包中，有很多可供节点属性直接使用的预定义颜色。第 4 章使用了预定义颜色(Color.TOMATO)来绘制线条。实际上所有的图形都默认使用预定义颜色 Color.BLACK 来填充。表 5-1 列出了 Color 类提供的所有预定义颜色。

表 5-1 预定义颜色表

ALICEBLUE	ANTIQUEWHITE	AQUA
AQUAMARINE	AZURE	BEIGE
BISQUE	BLACK	BLANCHEDALMOND
BLUE	BLUEVIOLET	BROWN
BURLYWOOD	CADETBLUE	CHARTREUSE
CHOCOLATE	CORAL	CORNFLOWERBLUE
CORNSILK	CRIMSON	CYAN
DARKBLUE	DARKCYAN	DARKGOLDENROD
DARKGRAY	DARKGREEN	DARKGREY
DARKKHAKI	DARKMAGENTA	DARKOLIVEGREEN
DARKORANGE	DARKORCHID	DARKRED
DARKSALMON	DARKSEAGREEN	DARKSLATEBLUE
DARKSLATEGRAY	DARKSLATEGREY	DARKTURQUOISE
DARKVIOLET	DEEPPINK	DEEPSKYBLUE
DIMGRAY	DIMGREY	DODGERBLUE
FIREBRICK	FLORALWHITE	FORESTGREEN
FUCHSIA	GAINSBORO	GHOSTWHITE
GOLD	GOLDENROD	GRAY
GREEN	GREENYELLOW	GREY
HONEYDEW	HOTPINK	INDIANRED

(续表)

INDIGO	IVORY	KHAKI
LAVENDER	LAVENDERBLUSH	LAWNGREEN
LEMONCHIFFON	LIGHTBLUE	LIGHTCORAL
LIGHTCYAN	LIGHTGOLDENRODYELLOW	LIGHTGRAY
LIGHTGREEN	LIGHTGREY	LIGHTPINK
LIGHTSALMON	LIGHTSEAGREEN	LIGHTSKYBLUE
LIGHTSLATEGRAY	LIGHTSLATEGREY	LIGHTSTEELBLUE
LIGHTYELLOW	LIME	LIMEGREEN
LINEN	MAGENTA	MAROON
MEDIUMAQUAMARINE	MEDIUMBLUE	MEDIUMORCHID
MEDIUMPURPLE	MEDIUMSEAGREEN	MEDIUMSLATEBLUE
MEDIUMSPRINGGREEN	MEDIUMTURQUOISE	MEDIUMVIOLETRED
MIDNIGHTBLUE	MINTCREAM	MISTYROSE
MOCCASIN	NAVAJOWHITE	NAVY
OLDLACE	OLIVE	OLIVEDRAB
ORANGE	ORANGERED	ORCHID
PALEGOLDENROD	PALEGREEN	PALETURQUOISE
PALEVIOLETRED	PAPAYAWHIP	PEACHPUFF
PERU	PINK	PLUM
POWDERBLUE	PURPLE	RED
ROSYBROWN	ROYALBLUE	SADDLEBROWN
SALMON	SANDYBROWN	SEAGREEN
SEASHELL	SIENNA	SILVER
SKYBLUE	SLATEBLUE	SLATEGRAY
SLATEGREY	SNOW	SPRINGGREEN
STEELBLUE	TAN	TEAL
THISTLE	TOMATO	TRANSPARENT
TURQUOISE	VIOLET	WHEAT
WHITE	WHITESMOKE	YELLOW
YELLOWGREEN		

预定义颜色是 Color 类中定义的常量，例如 Color 类中的常量 BLUE 与创建蓝色所需的值对应的。浏览下面一行代码(与某个图形关联)：

```
fill: Color.BLUE;
```

当为 fill 属性指定值为 Color.BLUE 时，Color 类传入创建蓝色所需的值。

Color 类提供了一系列预定义颜色供脚本使用，但是如果这些预定义颜色中没有一个适合你的需求呢？不用担心，Color 类也提供了更强大的方法来渲染出所需的任何颜色。

下一节将学习 Color 类创建自定义颜色的方法。

5.1.2 混合色

如果浏览预定义颜色发现没有适合需求的，用户可混合或指定自定义颜色。如果不能定制颜色仅能使用预定义颜色的话，那么 Color 类将是非常有限的工具。

由于这些原因，Color 类提供了如下 3 种非常实用的方法来调制颜色：

```
Color.rgb();
Color.hsb();
Color.web();
```

下面将学习上述的调制方法和使用方法。

1. Color.rgb

Color 类允许使用 RGB(红、绿、蓝)值表示所需颜色。大多数的颜色都是由数量不同的红绿蓝三色混合而成。红绿蓝的数量使用 0~255(0 代表没有该颜色，255 代表该颜色的全值)的值来表示。下面的代码将为矩形的内部填充紫色：

```
Rectangle {
            x : 10;
            y : 10;
            width : 150;
            height : 150;
            fill: Color.rgb(255,0,255);
    }
```

当前调用 Color 类的方法中，指定的 RGB 值为红 255、绿 0、蓝 255，这将混合成紫色，尝试下面代码并注意结果：

```
Rectangle {
            x : 10;
            y : 10;
            width : 150;
            height : 150;
            fill: Color{
                 red:1;
                 green:0;
                 blue:1}
   }
```

执行这些代码也为矩形填充了紫色。Color 类的默认构造函数创建颜色时也接受 RGB 值。殊途同归都得到了紫色。但它们之间有何不同呢？不同的是 Color 类的构造函数接受的红绿蓝值为从 0~1 的浮点型。请记住 Color 类的 rgb 方法接受的值是从 0~255。

2. Color.hsb

Color 类也提供了使用 HSB(色调、饱和度和亮度)颜色制的方法。HSB 颜色制中，色调或颜色是由 0~360 的数值来表示。每个数字代表颜色轮的 1/360 度。

饱和度和亮度属性是由 0~1 的数值表示。0 表示没有亮度和饱和度，而 1 代表最高亮度和满饱和度。使用 hsb 方法创建与使用 rgb 方法得到的相同的紫色，代码如下：

```
Rectangle {
        x : 10;
        y : 10;
        width : 150;
        height : 150;
        fill: Color.hsb(300,1,1);
  }
```

3. Color.web 方法

最后，Color 类还提供了 web 十六进制值方法来创建颜色。Color 类的 web 方法接受标准的十六进制值，代码如下：

```
Rectangle {
        x : 10;
        y : 10;
        width : 150;
        height : 150;
        fill: Color.web("#FF00FF");
  }
```

4. alpha 属性

Color 类需要注意的最后一个属性是 alpha 属性。Color 类的每个方法都有一个可选的 alpha 属性，它控制着已创建颜色的透明度。alpha 属性取值从 0~1，0 是透明而 1 是不透明，它可添加到 Color 类的任何方法中。

将 alpha 属性设置为 0，将创建一个全透明的图形。

```
Rectangle {
        x : 10;
        y : 10;
        width : 150;
```

```
            height : 150;
            fill: Color.web("#FF00FF",0);
    }
```

相反，如果将该位置设置为 1，则得到完全不透明颜色。

```
Rectangle {
            x : 10;
            y : 10;
            width : 150;
            height : 150;
            fill: Color.web("#FF00FF",1);
    }
```

最后，将该位设置为 0.5，得到半透明的效果。

```
Rectangle {
            x : 10;
            y : 10;
            width : 150;
            height : 150;
            fill: Color.web("#FF00FF",.5);
    }
```

下一节学习创建和使用渐变色的方法。渐变色提供了引人注目的创造性方式来填充图形。

5.2 使用渐变色

可使用两种渐变效果填充图形，一种是 LinearGradients(线性渐变)，另一种是 RadialGradients(辐射渐变)。LinearGradients 效果是用直线的方式从图形的一边到另一边的渐变填充。RadialGradients 效果是从中心开始放射状地渐变填充图形。

下面学习在矩形中应用 LinearGradient 效果的方法。

5.2.1 LinearGradients 效果

LinearGradient 类包含在 javafx.scene.paint.LinearGradient 程序包中，使用前需要引入该程序包。

```
import javafx.scene.paint.LinearGradient;
```

正确使用渐变色填充图形之前要先学习 LinearGradient 类的 6 个参数。首先是比例参数，它接受一个 Boolean 值，决定 LinearGradient 类如何处理其他参数的方式。如果比例参数值设为 true，渐变按图形的宽度进行填充；如果设定为 false，则需要明确指定渐变填充图形的起始点。随着学习的深入，对概念的理解将会更透彻。

说明：
如果没有指定比例参数的值，它的默认值为 true。

接下来的 4 个参数分别是 startX、 startY、endX 和 endY。如果比例参数设定为 true，这些参数将取 0~1 之间的值。在 x 轴方向，0 是图形的左侧，1 是图形的右侧。在 y 轴方向，0 是图形的上部，1 是图形的下部。

如果比例参数设定为 true，开始和结束参数代表渐变开始和结束的绝对位置。

最后一个参数是 stops，它接受填充渐变色所需的颜色值数组。渐变色可以由两种以上的颜色组成，这是 JavaFX 非常灵活的一面。渐变中添加的每一个颜色都由一个 Color 类和 offset(偏移)属性组成，offset 属性的取值范围是 0~1，它决定了该颜色在渐变中的位置。

如果现在觉得有点不好理解，没有关系，当浏览实际代码时就会对 LinearGradients 理解地更深刻了。查看下面的代码：

说明：
在脚本中添加导入语句 javafx.scene.paint.Stop。

```
Rectangle {
          x : 10;
          y : 10;
          width : 150;
          height : 150;
          fill: LinearGradient {
              startX: 0.0;
              startY: 0.0;
              endX: 1.0;
              endY: 0.0;
              proportional: true;
     stops: [
         Stop {
             color: Color.BLACK,
             offset: 0.0
         },
         Stop {
             color: Color.WHITE,
             offset: 1
```

```
            }
        ]
    }
}
```

前面的代码创建了一个 LinearGradient 填充，如图 5-1 所示。它是一个标准的双色渐变。

图 5-1 比例参数为 true 时双色渐变效果

stops 属性接受一个颜色值数组，这意味着可为渐变色添加很多颜色。下面的代码创建了一个三色线性渐变，如图 5-2 所示：

```
Rectangle {
          x : 10;
          y : 10;
          width : 150;
          height : 150;
          fill: LinearGradient {
              startX: 0,
              startY: 0,
              endX: 1,
              endY: 0.0,
              proportional: true,

    stops: [
        Stop {
           color: Color.BLACK,
           offset: 0.0
        },
        Stop {
           color: Color.WHITE,
           offset: .5
        }
        Stop {
           color: Color.TOMATO,
           offset: 1
        }
```

```
        ]
    }
}
```

图 5-2　三色线性渐变效果

注意改变 offset 属性值来适应三色线性渐变的方法。当渐变是两种颜色时，offset 属性是 0 和 1。在这两个颜色中间再添加一个颜色，offset 属性需要指定为 0.5。offset 属性值高于 0.5，则白色靠近右侧，而小于 0.5，则白色靠近左侧。

通过改变沿 y 轴的起点和终点，能使渐变倾斜，如图 5-3 所示。

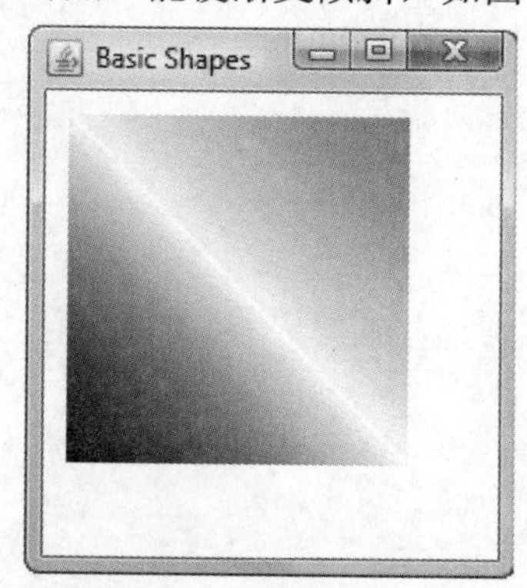

图 5-3　三色倾斜渐变效果

下面将学习创建和使用 RadialGradient(辐射渐变)效果的方法。

5.2.2　RadialGradients 效果

RadialGradients 填充不是从一侧开始渐变，而是从中心辐射向外渐变。LinearGradients 用于填充直线图形，而 RadialGradients 在填充圆形和椭圆时效果更加明显。RadialGradients 位于 javafx.scene.paint.RadialGradient 程序包中，可在脚本中使用如下的 import 语句引入该程序包：

```
import javafx.scene.paint.RadialGradient;
import javafx.scene.shape.Circle;
```

因为 RadialGradient 效果是从中心点开始以圆形模式产生，所以必须定义圆心和半径。根据圆心和半径创建 RadialGradient 的第一个颜色环，当扩散到第二种颜色时，将填充到图形中。

RadialGradient 类与 LinearGradient 类相同，也接受一个 stops 属性数组来生成两种颜色以上的渐变。下面的代码生成如图 5-4 所示的渐变效果。

```
Circle {
        centerX: 100;
        centerY: 100;
        radius: 70;
        fill: RadialGradient {
           centerX: 5,
           centerY: 5,
           focusX: 0.1,
           focusY: 0.1,
           radius: 8,
        stops: [
           Stop {
               color: Color.WHITE,
               offset: 0.0
           },
           Stop {
               color: Color.BLACK,
               offset: 1.0
           },
        ]
    }
}
```

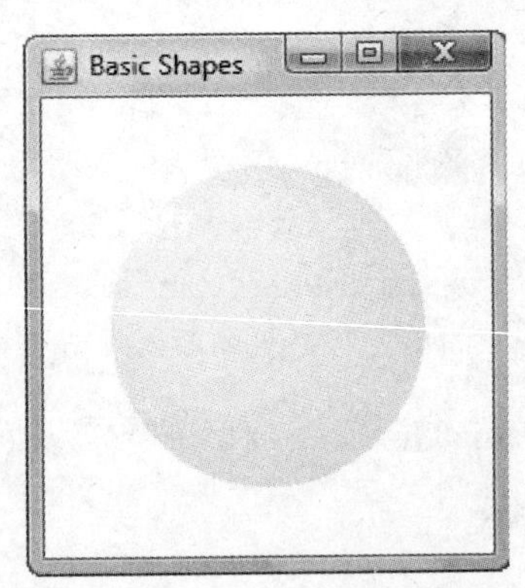

图 5-4　圆形的辐射渐变填充效果

试一试　创建自定义渐变色

使用第 4 章学习的知识创建一个新 Scene 对象，包含多个图形。图形放置完毕后，使用本章学习的知识为每个图形填充不同的渐变色。用不同混合色的渐变效果填充每个图形，这是实践多个技能的一个好方法，效果立竿见影。

本章学习了如何创建和应用颜色与渐变效果。使用 LinearGradients 和 RadialGradients 类可轻松的为图形增加视觉冲击力。

第 6 章将学习在应用程序中使用图像的方法。

5.3 自测题

1. Color 类有多少个预定义颜色?
2. Color 类使用混合色有哪三种方法？
3. RGB 代表反射、渐变和模糊，正确还是错误？
4. Hue(色调)可接受的值范围是多少?
5. LinearGradients 在哪个程序包中?
6. 比例参数的默认值是什么?
7. 当比例参数设定为 true 时 startX 参数可接受的值是多少？
8. stops 参数告诉渐变停止在哪个点的位置，正确还是错误？
9. 渐变色由两种以上颜色组成，正确还是错误？
10. 哪种渐变效果适合填充线性图形?

第6章

使 用 图 像

重要技能与概念：

- 使用 ImageView 节点
- 加载图片
- 加载一个图像占位符

如果使用 JavaFX 创建应用程序，总有机会用到图像式交互模式。即便应用程序不直接依赖或使用图像，也可能需要用到启动画面、背景甚至图像控件。

本章将学习在 JavaFX 程序中加载和使用图像的方法，到本章结束时将掌握向脚本中添加图像文件并显示在屏幕上的知识。下面首先学习 ImageView 节点。

6.1 ImageView 节点

要在屏幕上显示图像前，需要在应用程序中添加 ImageView 节点，所有图像显示都需要使用 ImageView 节点，可把它当作在其上开发图像的胶片。使用 ImageView 节点的唯一目的是要使用 Image 类显示图像。

ImageView 的程序包是 javafx.scene.image.ImageView，所以使用 ImageView 节点之前必须引入该程序包。在脚本中添加一个 Stage 对象和 Scene 对象，接下来引入 ImageView 节点所需的程序包，如下所示：

```
/*
 * Chapter6.fx
 *
 * v1.0 - J. F. DiMarzio
 *
 * 5/17/2010 - created
 *
 * Working with images
 *
 */
package com.jfdimarzio.javafxforbeginners;

import javafx.stage.Stage;
import javafx.scene.Scene;
import javafx.scene.image.ImageView;

/**
 * @author JFDiMarzio
 */
Stage {
   title : "Images"
   scene: Scene {
      width: 200
      height: 200
      content: [
      ]
   }
}
```

可使用下面的代码在 Scene 的 content 中插入 ImageView：

```
content: [ImageView {
      image:
} ]
```

现在代码中的ImageView节点还做不了任何事情。记住，如果没有图像，ImageView仅是个节点，什么也做不了。现在脚本还不能运行，需要为ImageView节点添加要显示的图像。下一节将使用Image类来辅助ImagView节点将内容显示在屏幕上。

提示：

ImageView节点的属性能影响图像的显示方式，然而现在没有图像可显示，所以讨论这些属性也没有意义。向ImageView节点传递图像后我们再学习这些属性。

6.2 Image类

Image类可加载并格式化所要显示的图像文件，它和ImageView节点协同工作将图像显示在屏幕上。

Image类位于下面的程序包中，使用前必须先引入它。

```
import javafx.scene.image.Image;
```

Image类可从各种源中加载图像，本节中将使用两种源：Web和本地图像文件。首先从Internet上获得图像，该图像显示在http://jfdimarzio.com/butterfly.png网页上。

创建一个Image类，把它指定给ImageView的image属性。注意，在Image类中可设置图像的宽和高，这不是改变图像大小所必需的(图像的大小由Scene对象控制)，而Image类的宽和高是控制着发送给ImageView节点图像的大小。

本例中图像的URL(统一资源定位符)是http://jfdimarzio.com/butterfly.png被作为一个值指定给Image类的url属性，这告诉Image类在哪里找到有效的图像进行格式化。设置如下url参数，运行脚本：

```
scene: Scene {
    width: 200
    height: 200
    content: [ImageView {
        image: Image {
            width: 200;
            height: 200;
            url: "http://jfdimarzio.com/butterfly.png"
         }
    } ]
}
```

运行脚本后，应用程序如图6-1所示。

图 6-1　使用网页中的图像

因为从 Web 加载图像比较慢，所以可以从后台加载图像，这样图像显示过程中用户就看不到空白屏幕，使用 JavaFX 非常容易做到这一点。实际上，当加载图像时可使用第二个图像，即占位符图像，显示在屏幕上。

对前例稍作修改，在后台加载 Web 图像。加载图像时，在占位符图像中加载第二幅图像并显示给用户。

```
Stage {
   title : "Test"
   scene: Scene {
     width: 200
     height: 200
     content: [ImageView {
                     image: Image {
                          width: 200;
                          height: 200;
                          url: "http://jfdimarzio.com/butterfly.png"
                            backgroundLoading: true;
                            placeholder: Image{
                            url: "{__DIR__}images/waiting.png"
                     }
                     }
                 }    ]
     }
}
```

Image 类的 placeholder (占位符)属性有自己的 Image 类。下载主图像时第二个 Image 类用来显示临时图像。注意用 backgroundLoading 属性来控制是否在后台加载图像。

说明：

前面已使用过常量{__PROFILE__}，常量{__DIR__}的使用方法和它相同，本章后面将详细讲解。

JavaFX 在从网站显示图像方面做得很好，所涉及的设置也相当简单，url 参数直接指向要显示的图像。但是有时想要显示的图像位于应用程序包内。

如果要显示的图像是本地文件，原理仍然相同，但是过程有点不同，可能要先考虑应用程序分布图像的方式。

可以把图像包含在应用程序的程序包内，那么图像可被Image类调用并使用ImageView节点来显示。这种图像分布处理方式比从 Internet 显示图像更可靠。也就是说如果依赖外部网站提供图像并且还要依赖用户访问该图像的 Internet 连接，有可能会出错的。

显示本地图像首先要做的是在程序包中导入图像。右击程序包名，选择 New | Other 选项，打开 Create File 对话框，选择 Other 类别，接着选择 File Type of Folder，单击 Next 按钮，将该文件夹命名为 image，接着单击 Finish 按钮。现在程序包中已经有一个文件夹用来保存图像了。

提示：

建议为图像创建单独的文件夹。这将有助于项目标准化且更易于管理。

接下来，从本地驱动器中拖动一个图像文件放置到 NetBeans IDE 的图像文件夹中，如图 6-2 所示。

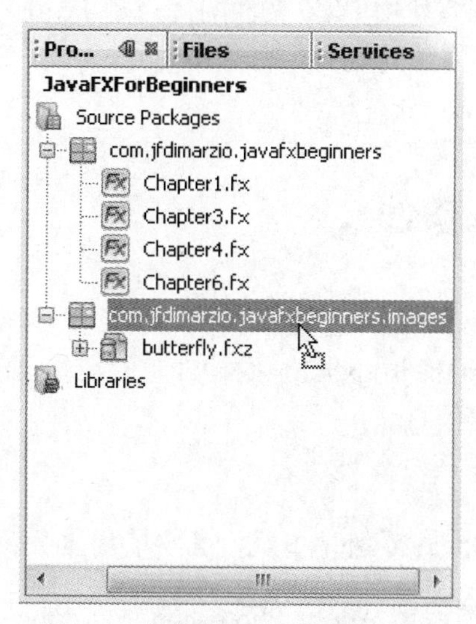

图 6-2 向程序包内添加图像文件

注意到图像已经添加到项目的程序包中了，脚本中可以引用该图像了。引用的关键在于要使用方便的 JavaFX 常量{__DIR__}。

{__DIR__}常量代表程序包的路径，下面的字符串代表项目中{__DIR__}常量的内容(该常数的内容可能不同，它依赖于项目的设置情况)。

```
jar:file:/C:/Users/JFDiMarzio/Documents/NetBeansProjects/
JavaFXForBeginners/dist/JavaFXForBeginners.jar!/com/jfdimarzio/javafxforbe
-ginners/
```

可通过使用{__DIR__}常量来创建自己的 url 值的方式来引用 images 文件夹中的新图像。下面的代码是 ImageView 节点显示 images 文件夹中的 butterfly.png 文件。

```
scene: Scene {
    width: 200
    height: 200
    content: [ImageView {
        image: Image {
            width: 200;
            height: 200;
            url: "{__DIR__}images/butterfly.png"
        }
    } ]
}
```

目前为止我们已经学习了使用 ImageView 节点和 Image 类来显示图像的方法。不可否认这些其实是很基本的知识，并不是本书最精彩的代码。在 JavaFX 中还有另外一种独特而强大的方式来显示图像。

分层图像能存储为 JavaFX 原生格式 FXZ(JavaFX Zip)文件。JavaFX 能像操作其他文件一样加载并显示 FXZ 文件。使用 FXZ 文件的优点是 JavaFX 可使用文件的图层信息来操作图像。要全面了解这种方法的优势，必须学习 JavaFX 产品套件(JavaFX Production Suite)的相关知识。

6.3　JavaFX 产品套件

JavaFX 产品套件是 JavaFX 脚本图像开发的工具集。该套件的核心是一个 Adobe Photoshop(CS3 和 CS4)和 Adobe Illustrator 的插件，它可把 Adobe 图像保存成 JavaFX 的 FXZ 文件并保留原来的图层信息。

说明：

JavaFX 产品套件可从 JavaFX 网站下载，其安装简单快捷。

因为 JavaFX 产品套件能保留 Adobe Photoshop 或 Adobe Illustrator 图像的图层信息，所以在 JavaFX 脚本中可访问这些有价值的信息。可使用这些信息对每个独立的图层进行移动、变换、应用特效等操作，就像操作单个图像那样。

确保 JavaFX 能正确访问图像的关键是在 Adobe Photoshop 或 Adobe Illustrator 中的设置图像的方法。

说明：

本章接下来的例子将使用 Adobe Photoshop 工具，这和使用 Adobe Illustrator 工具的原理是相同的。

在 Adobe Photoshop 中创建一个含有图层的图像，本章使用图 6-3 所示的蝴蝶图像。使用 Photoshop 的 Quick Select Tool 通过把蝴蝶从背景中剪切出来来创建一个新图层。为图像中的图层命名是很重要的。因为 JavaFX 产品套件插件要保存图层名，命名时必须使用 jfx:前缀。例如图 6-3 所示的图像有两个图层：background 和 butterfly。要在 JavaFX 中保存这些名称，需重新命名这些图层，在 Adobe Photoshop 中分别命名为 jfx:background 和 jfx:butterfly。JavaFX 产品套件插件认识保存前缀名为 jfx:的图层，在输出过程中去掉 jfx:前缀。

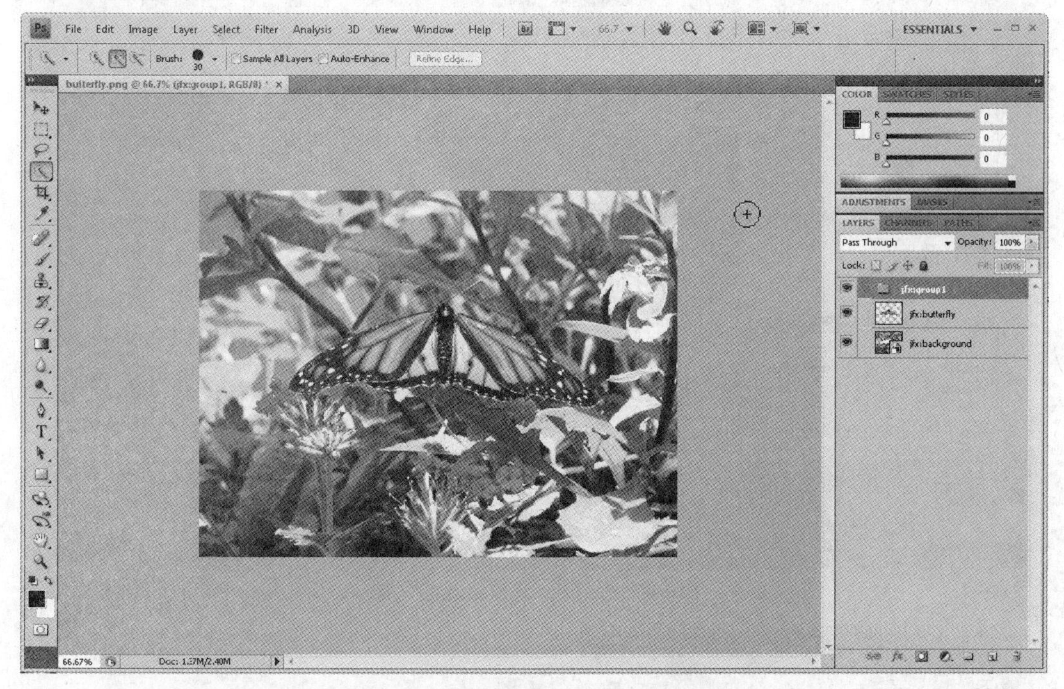

图 6-3　Adobe Photoshop 中的蝴蝶图像

该过程中重要的部分也是 JavaFX 所关注的部分，是指下面的内容。

提示：

命名时如果不使用 jfx:作为前缀，JavaFX 产品套件插件会自己生成名称。如果想以后还能继续控制访问图像，那么这样做会有些问题。

接下来，必须将图层添加到组，这次仍然是在 Adobe Photoshop 中处理，可看到图 6-3 的界面。与图层一样，组名也必须使用 jfx:前缀。

如果不把图层添加到组，访问单个图层是非常困难的，输出图像后将需要更多的代码来处理图层。

提示：

虽然我不是 Photoshop 专家，但我发现如果创建组之前重命名图层，那么再将图层添加到组将会容易一些。

创建并重命名图层后，可使用 JavaFX 产品套件插件导出供 JavaFX 使用的图像。单击 File | Automate | Save for JavaFX…选项，保存可供 JavaFX 脚本使用的图像，如图 6-4 所示。

JavaFX 产品套件插件将打开导出选项和预览窗口，如图 6-5 所示。可使用预览窗口查看导出的图像是否符合要求，蝴蝶图像的预览图像如图 6-6 所示。

图 6-4　保存 JavaFX 格式的图像

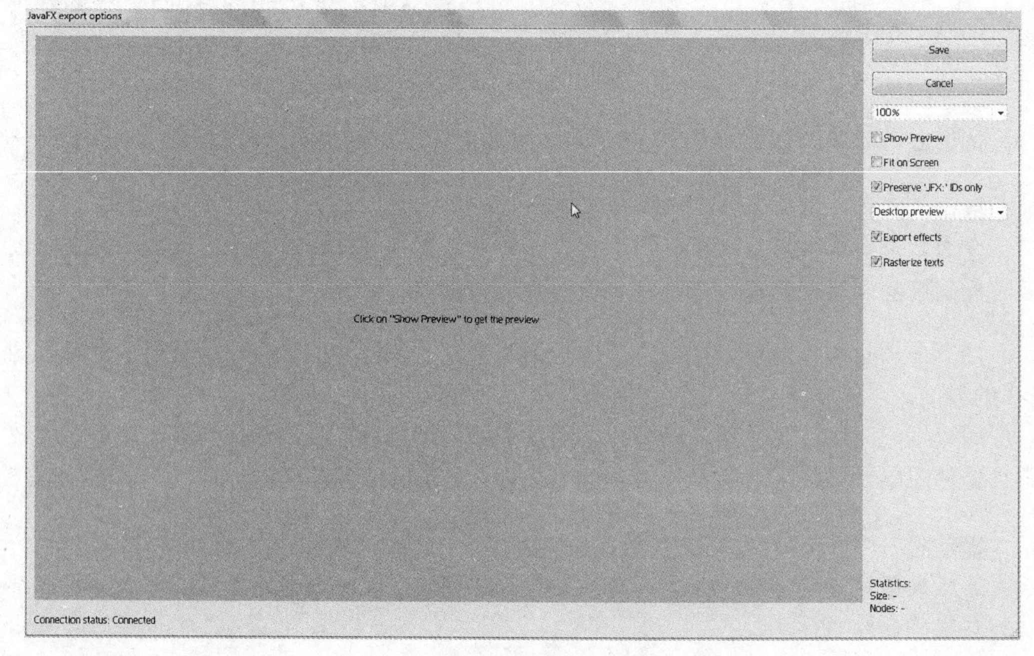

图 6-5　JavaFX 导出选项窗口

图 6-6 在 JavaFX 导出选项窗口中预览 Butterfly 图像

预览窗口中最重要的功能是 Preserve 'JFX:' IDs Only 选项标签。确保选择该选项以保存在 Adobe Photoshop 中图层和组的名称。完成所有的步骤后，单击 Save 按钮保存图像。

JavaFX 产品套件插件将创建一个 FXZ 格式的文件(比如本例中，文件名为 butterfly.fxz)，butterfly.fxz 文件是一个压缩文件，它包含了一个 content.fxd 文件和一些图像。可使用标准的解压缩工具打开 FXZ 文件查看其内容。

在本例中，文件 butterfly.fxz 包含了一个 content.fxd 文件和两个图像。这两个图像是文件 butterfly.png 和 background.png，它们代表了从 Photoshop 导出的原始图像的两个图层。这两个图像是 JavaFX 产品套件插件生成的，它们将根据带 jfx:前缀的图层名来命名。

虽然 FXZ 文件中和从 Photoshop 导出的图像可能有不同的图层，但是任何 Fxz 文件中都有一个 content.fxd 文件，它是定义文件，规定了所包含的图像文件之间的关系，使用这些图像时必须在项目中导入该文件。butterfly.fxz 的 content.fxd 文件如下所示：

```
/*
 * Generated by JavaFX plugin for Adobe Photoshop.
 * Created on Sun Apr 11 17:45:24 2010
 */
//@version 1.0

Group {
```

```
    clip: Rectangle { x:0 y:0 width:800 height:600 }
    content: [
        Group {
            id: "group1"
            content: [
                ImageView {
                    id: "background"
                    x: 0
                    y: 0
                    image: Image {
                        url: "{__DIR__}background.png"
                    }
                },
                ImageView {
                    id: "butterfly"
                    x: 151
                    y: 181
                    image: Image {
                        url: "{__DIR__}butterfly.png"
                    }
                },
            ]
        },
    ]
}
```

注意，content.fxd 文件包含创建 JavaFX 组的代码，该组包含了一个矩形剪辑和其他组。矩形剪辑从整体上定义图像的完整尺寸，其他组中包含一些用作 ImageView 节点的图像。

现在已经拥有了一个完整的 FXZ 文件(使用 JavaFX Production Suite 创建的)，可以在脚本中使用它了。

6.4 在 JavaFX 中使用 FXZ 文件

在 JavaFX 脚本中使用 FXZ 文件是非常有用的技能。访问 FXZ 文件并不需要很多脚本代码，实际上，JavaFX 提供了专门处理 FXZ 文件的节点，FXDNode 节点就是用来在 FXZ 文件中加载图像的。

FXDNode 节点位于 javafx.fxd.FXDNode 程序包中，处理 FXZ 文件时必须引入该程序包。

```
import javafx.fxd.FXDNode;
```

说明：

下面例子中假定 butterfly.fxz 文件已经导入到当前程序包的 Image 文件夹中。

首先创建FXDNode节点并加载butterfly.fxz文件。创建一个变量名为butterflyGroup，并将其指定为FXDNode类型，代码如下：

```
var butterflyGroup : FXDNode = FXDNode{
      url:"{__DIR__}images/butterfly.fxz"
      };
```

现在可通过调用butterflyGroup来访问FXDNode节点，url参数指向images文件夹的butterfly.fxz文件。注意butterflyGroup 变量使用:FXDNode符号指定为 FXDNode类型。这不是必须要做的，因为JavaFX不是强类型语言，但这样做仍是非常好的选择。

接下来，提取蝴蝶图像并移动到不同位置的背景下。下面的代码提取butterfly图层、移动并旋转它。

```
var butterfly = butterflyGroup.getNode("butterfly");
butterfly.translateX = 50;
butterfly.translateY = 50;
butterfly.rotate = 45;
```

FXDNode节点的getNode方法是用来从加载的FXZ文件中提取图层，该方法获得的图层名就是Photoshop导出图像前的图层名。本例中要提取butterfly图层，因此图层名 butterfly也传递给getNode方法。

最后一步是将FXDNode节点指定给Scene对象的content属性。全部代码如下所示：

```
/*
 * Chapter6.fx
 *
 * v1.0 - J. F. DiMarzio
 *
 * 5/17/2010 - created
 *
 * Working with images
 *
 */

package com.jfdimarzio.javafxforbeginners;

import javafx.stage.Stage;
import javafx.scene.Scene;
import javafx.fxd.FXDNode;

var butterflyGroup : FXDNode = FXDNode{
      url:"{__DIR__}images/butterfly.fxz"
      };
var butterfly = butterflyGroup.getNode("butterfly");
butterfly.translateX = 50;
butterfly.translateY = 50;
butterfly.rotate = 45;
/**
```

```
 * @author JFDiMarzio
 */
Stage {
    title : "FXZ Images"
    scene: Scene {
        content:[ butterflyGroup]
    }
}
```

使用 Desktop 配置文件运行代码，可看到 butterfly 图层已经旋转移动到背景下，如图 6-7 所示。

图 6-7 butterfly 图层的旋转和移动

试一试　　使用不同的图像格式

开始下一章之前，回顾一下 JavaFX 是如何显示和处理不同的图像和类型的。使用在本章学过的技能尝试在 JavaFX 中显示不同格式的图像，哪些图像可以显示？哪些不能显示？

另外我们研究一下改变图像的大小，记录最短时间内能加载最大图像的图像格式。

这些技能有助于日后把从不同的开发人员或源获得的图像合并到一个应用程序中。

本章学习了在 JavaFX 中导入、显示图像的知识，这是创建用户富交互环境的一项重要技能，但是仅单独显示图像并不能创建效果良好的交互环境。

第 7 章我们将学习在 JavaFX 中使用图像特效的方法。

6.5 自测题

1. 使用哪个节点显示图像？
2. 能将图像写入 ImageView 节点的是哪个类？
3. Image 类可接受网页上的图像，正确还是错误？
4. {__DIR__}常量包含的值是什么？
5. 使用 BackgroundImage loader 属性来实现后台加载图像，正确还是错误？
6. 用于在 Adobe Photoshop 和 Illustrator 中导出图像的 JavaFx 工具是什么？
7. 在脚本中通过名字访问图层必须在每个图层名前面加上 jfx:前缀，正确还是错误？
8. 从 FXZ 文件中加载图像要使用哪个节点?
9. FXZ 文件是一个压缩文件，包含了一些图像和定义，正确还是错误？
10. 加载图层应使用哪个方法？

第7章

应用特效和变换

重要技能与概念：

- 在图像和图形上使用特效
- 在应用程序中移动图像
- 旋转图像和图形

第 6 章学习了使用 FXDNode 节点和 ImageView 节点在屏幕上画图的方法，第 4 章学习了在应用程序中创建和放置不同图形的方法。本章将开始学习在这些图像和图形上应用特效和变换。

本章的第一节讲解特效。JavaFX 有一个综合的特效列表，其中所包含的特效可应用到脚本的很多对象上。它们对应用程序的影响很大，能创造出任何想要的界面效果。

说明：

JavaFX 1.3 不能在 Mobile 配置文件下使用特效，所以特效仅能在 Desktop 或 Browser 配置文件下运行。

本章开始前，先创建一个新的空 JavaFX 脚本(可按本书前面讲过的方法)，将其命名为 Chapter7.fx 并保存到本书一直使用的项目中。

现在设置脚本以显示第 6 章使用的 FXZ 文件，可体验到在多层图像上应用特效。我们发现有几种应用特效的方式，比如多个特效可被整体应用到一个图像组或单个独立的图像。使用两个图像 FXZ 文件能将特效应用到单个图像或图像组。

设置脚本文件如下所示：

```
/*
 * Chapter7.fx
 *
 * v1.0 - J. F. DiMarzio
 *
 * 5/20/2010 - created
 *
 * Applying Effects
 *
 */
com.jfdimarzio.javafxforbeginners;
import javafx.stage.Stage;
import javafx.scene.Scene;
import javafx.fxd.FXDNode;
import javafx.scene.Group;
import javafx.scene.effect.*;
import javafx.scene.image.ImageView;

var imagePath : String = "{__DIR__}images/butterfly.fxz";
var butterflyImage : FXDNode = FXDNode{
      url: imagePath;
};

/**
 * @author JFDiMarzio
 */
Stage {
    title : "Effects"
    scene: Scene {
        width: 800
        height: 600
        content: [
            SetImages(butterflyImage)
        ]
```

```
    }
}
function SetImages(image : FXDNode) : FXDNode {
            var butterfly : ImageView;
            var background : ImageView;

            butterfly = (image.getNode("butterfly") as ImageView);
            background = (image.getNode("background") as ImageView);
            butterfly.translateX = -50;
            butterfly.translateY = -50;
          return image;
}
function ApplyEffects() : Effect{
        var effectToApply : Effect;
        effectToApply = null;
    return effectToApply;
}
```

该脚本一开始看起来可能有点混乱，但是它包含了前面章节已经学过的几个知识点。

脚本的第一节包含两个变量：

```
var imagePath : String = "{__DIR__}images/butterfly.fxz";
var butterflyImage : FXDNode = FXDNode{
      url: imagePath;
};
```

第一个变量保持 FXZ 文件的路径。第二个变量 butterflyImage 是 ImageView 组的 FXDNode。

提示：

注意，变量类型定义使用<type>表示法，使用这种表示法并不是脚本编译时必须的，但是这是个好的编程习惯。

跳过脚本中间部分来看最后一部分脚本，它包含两个函数，第一个函数如下：

```
function SetImages(image : FXDNode) : FXDNode {
        var butterfly  : ImageView;
        var background : ImageView;

        butterfly = (image.getNode("butterfly") as ImageView);
        background = (image.getNode("background") as ImageView);
        butterfly.translateX = -50;
        butterfly.translateY = -50;
    return image;
}
```

该函数的第一行是函数定义，函数名为 SetImages，有一个参数且返回值为 FXDNode。该函数的参数名为 image，为 FXDNode 型，这个定义允许向函数传递 butterflyImage 变量并操作它，最后返回给脚本。这个函数正是实验特效所需的那种类型。

第二个函数包含特效代码如下：

```
function ApplyEffects() : Effect{
var effectToApply : Effect;
effectToApply = null;
return effectToApply;
}
```

这个函数没有参数，但是返回一个 Effect 值。注意，effectToApply 变量为 Effect 型，它可设置为任何想要的特效，然后返回给主调代码，并渲染 Scene 对象。本章将使用 ApplyEffects()函数为图像添加不同的特效。

目前 effectToApply 设置为 null，表示没有使用特效。随着本章的深入，将使用具体的特效值来代替 null 值。

说明：

用一个普通函数为图像添加特效，这样的设计在真正的工作中是不切实际的，但是通过分离代码能非常好地学习到特效的工作原理。

函数体的代码大多在第 6 章中都用过。该函数接受传入的 FXDNode 值，并创建三个变量：group、butterfly 和 background，将 butterfly 图像沿 x 轴、y 轴方向都移动 - 50 像素，然后返回脚本。

最后，脚本的中间是个 Scene 对象，它仅包含对 SetImages()函数的调用。编译后，该脚本产生一个如图 7-1 的图像。

图 7-1　应用特效前的图像

当前状态的脚本是学习本章其余部分的基础，本章要学到的所有特效和变换都使用它来演示。本章的第一节讲解特效，随后讨论变换的使用方法。

7.1　特效

JavaFX 能够渲染出复杂惊人的特效，我们能把图像和特效进行混合、模糊和加阴影等。这些特效非常引人注目，能创建出吸引用户的应用程序。

这些特效几乎能应用到 JavaFX 的任何节点。JavaFX 可用的所有标准特效都在 javafx.scene.effect 程序包内，使用 JavaFX 特效前要引入该程序包(如果还没有引入的话)。

```
import javafx.scene.effect.*;
```

提示：

上面的语句已经明确指出需要引入程序包中的哪些项目，而*符号告诉 JavaFX 引入特定程序包内的所有项目，所以 import javafx.scene.effect.*语句允许你使用 effect 程序包中的所有特效。

首先要用到的特效是 Bloom。

7.1.1　Bloom 特效

Bloom 特效是图像中高对比度的区域出现高亮发光并融入周围的图像中的效果。节点应用 Bloom 特效的量由阈值参数控制，该参数接受 0~1 的值，0 代表没有特效。

使用第 7 章脚本中的 ApplyEffects()函数和 SetImages()函数在 butterfly.fxz 文件的背景图像上应用 Bloom 特效。每个 ImageView 节点都有一个 effect 参数，它接受要应用到 ImageView 节点的 effect 值。

提示：

本章使用 ImageView 节点是因为在第 6 章中刚刚用过。并不是仅有它可应用特效，几乎所有的节点都有应用特效的 effect 参数。

在 SetImages()函数中添加下面的代码，就在背景图像上应用了一个特效。

```
background.effect = ApplyEffects();
```

因为 ApplyEffects()函数的返回值为 Effect 型，并将此值直接传递给 ImageView 节点的 effect 参数。如果想在 butterfly 图像上而不是 background 图像应用特效，简单地用 butterfly.effect 替换 background.effect 就可以了。

现在 SetImages()函数应该如下所示：

```
function SetImages(image : FXDNode) : FXDNode {
          var butterfly : ImageView;
          var background : ImageView;

          butterfly = (image.getNode("butterfly") as ImageView);
          background = (image.getNode("background") as ImageView);
          butterfly.translateX = -50;
          butterfly.translateY = -50;
```

```
            background.effect = ApplyEffects();
        return image;
}
```

现在可以编辑 ApplyEffects()函数，给 background 图像返回 Bloom 特效。在函数中添加下面一行代码：

```
effectToApply = Bloom{
                threshold: .5;
}
```

这是将 Bloom 特效赋给变量 effectToApply，将阈值设定为 0.5 能使我们较好的了解 Bloom 特效的效果，也可调节阈值以达到满意的效果。现在 ApplyEffects()函数应该是：

```
function ApplyEffects() : Effect{
      var effectToApply : Effect;
      effectToApply = Bloom{
            threshold: .5;
      }
      return effectToApply;
}
```

全部完成的脚本如下：

```
/*
 * Chapter7.fx
 *
 * v1.0 - J. F. DiMarzio
 *
 * 5/20/2010 - created
 *
 * Applying Effects
 *
 */
package com.jfdimarzio.javafxforbeginners;

import javafx.stage.Stage;
import javafx.scene.Scene;
import javafx.fxd.FXDNode;
import javafx.scene.Group;
import javafx.scene.image.ImageView;
import javafx.scene.effect.*;

var imagePath : String = "{__DIR__}images/butterfly.fxz";
var butterflyImage : FXDNode = FXDNode{
      url: imagePath;
};
Stage {
    title : "Effects"
    scene: Scene {
        width: 800
        height: 600
```

```
        content: [
            SetImages(butterflyImage)
        ]
    }
}
function SetImages(image : FXDNode) : FXDNode {
            var butterfly : ImageView;
            var background : ImageView;

            butterfly = (image.getNode("butterfly") as ImageView);
            background = (image.getNode("background") as ImageView);
            butterfly.translateX = -50;
            butterfly.translateY = -50;
            background.effect = ApplyEffects();
        return image;
}
function ApplyEffects() : Effect{
      var effectToApply : Effect;
      effectToApply = Bloom{
            threshold: .5;
      }
      return effectToApply;
}
```

编译并运行脚本，产生了已经应用 Bloom 特效的图像，如图 7-2 所示。

图 7-2　使用 Bloom 特效的背景图

下面学习 ColorAdjust 特效。

7.1.2　ColorAdjust 特效

顾名思义，ColorAdjust 特效可以调节节点的颜色，其方式和调节电视画面的方式大致相同。ColorAdjust 特效可调节的参数有：对比度、亮度、色调和饱和度。

ColorAdjust 特效的所有参数除 input 以外都接受数值型值。对比度、亮度、色调和饱和度 4 个参数可指定-1~1 的值。但是也不必为所有的参数都指定值，比如，要调节图像的对比度，只需为对比度参数指定一个值，JavaFX 将自动为其他参数指定值为 0(说明：JavaFX 不能为对比度自动指定 0 值，因为对比度的默认值为 1)。

本例中将每个参数值指定为 0.5，最后将特效赋给背景图像。在 ApplyEffects()函数中添加下面的代码：

```
effectToApply = ColorAdjust{
     contrast : .5;
     brightness : .5;
     hue : .5;
     saturation : .5;
     }
```

如果学习了前面的例子，那么应该对 ColorAdjust 特效的结构比较熟悉。总的来说，一旦使用过一两次特效，它就不是特别复杂了。完成的 ApplyEffects()函数应该如下所示：

```
function ApplyEffects() : Effect{
     var effectToApply : Effect;
     effectToApply = ColorAdjust{
                          hue : .5;
                          saturation : .5;
                          brightness : .5;
                        contrast : .5;
                    }
     return effectToApply;
}
```

编译脚本并在 Desktop 配置下运行，可看到如图 7-3 所示的图像。

图 7-3 使用 ColorAdjust 修改背景图像

注意 background 图像的色彩已经被调节的栩栩如生，但是 butterfly 图像并没有改变。试试用不同的参数值来单独调节 butterfly 和 background 图像。

下面学习 GaussianBlur 特效。

7.1.3 GaussianBlur 特效

GaussianBlur 特效为节点提供了一种非常平滑的模糊效果，它采用的是高斯算法(Gaussian algorithm)。该算法应用在一个像素点都变为平滑的外观并逐渐展开的圆形模式工作中。因为算法采用圆形模式工作，所以必须设定 radius(半径)参数来控制高斯算法应用的范围。

可为 GaussianBlur 特效的 radius 参数指定 0~63 的值。0 值代表原始图像没有模糊，而 63 代表最大模糊效果。下面代码实现了半径为 10 的 GaussianBlur 效果：

```
effectToApply = GaussianBlur{
      radius: 10;
}
```

将 GaussianBlur 特效应用到 ApplyEffects()函数，代码如下：

```
function ApplyEffects() : Effect{
      var effectToApply : Effect;
      effectToApply = GaussianBlur{
          radius: 10;
      }
      return effectToApply;
}
```

运行完整的脚本，把背景图像加上半径为 10 的模糊效果。结果如图 7-4 所示。

图 7-4　背景应用半径为 10 的 GaussianBlur 特效

注意背景有轻微的模糊，但仍可辨认。现在将 radius 参数设置为 60，重新编译脚本，结果如图 7-5 所示。

图 7-5　背景应用半径为 60 的 GaussianBlur 特效

试图改变图像大小时，GaussianBlur 特别有效。有些图像改变大小时偶尔会出现失真现象，特别是图像改变前的锐度比较大的，改变图像大小前应用轻度的 GaussianBlur 特效(系统不会自动完成)能防止出现因改变大小而使图像失真的情况。

接下来学习 Glow 特效。

7.1.4　Glow 特效

顾名思义，Glow 特效就是让节点产生发光效果。应用到节点的 glow 量值是由 level 参数控制的，该参数的取值范围是 0~1，如果 Glow 特效不指定 level 值，JavaFX 就使用默认值 0.3。

Glow 特效和本章的前面学过的 Bloom 特效有些类似，两者之间的区别是发光的方式不同。Bloom 特效仅是图像高对比的区域发光，而 Glow 特效则是整个图像都发光。

下面代码显示 ApplyEffects()函数中 Glow 特效的 level 值为 0.5：

```
function ApplyEffects() : Effect{
     var effectToApply : Effect;
     effectToApply = Glow{
          level: 1
     }
     return effectToApply;
}
```

用这段代码替换当前脚本中的 ApplyEffects()函数，整个脚本应该如下所示：

```
/*
 * Chapter7.fx
 *
 * v1.0 - J. F. DiMarzio
 *
 * 5/20/2010 - created
 *
 * Applying Effects
 *
 */

package com.jfdimarzio.javafxforbeginners;

import javafx.stage.Stage;
import javafx.scene.Scene;
import javafx.fxd.FXDNode;
import javafx.scene.Group;
import javafx.scene.image.ImageView;
import javafx.scene.effect.*;

var imagePath : String = "{__DIR__}images/butterfly.fxz";
var butterflyImage : FXDNode = FXDNode{
      url: imagePath;
};

Stage {
    title : "Effects"
    scene: Scene {
            width: 800
            height: 600
            content: [
                SetImages(butterflyImage)
            ]
    }
}
function SetImages(image : FXDNode) : FXDNode {
        var butterfly : ImageView;
        var background : ImageView;
        butterfly = (image.getNode("butterfly") as ImageView);
        background = (image.getNode("background") as ImageView);
        butterfly.translateX = -50;
        butterfly.translateY = -50;
        background.effect = ApplyEffects();
   return image;
}
function ApplyEffects() : Effect{
      var effectToApply : Effect;
      effectToApply = Glow{
            level: 1
```

```
    }
    return effectToApply;
}
```

编译并运行脚本，背景图像应该如图 7-6 所示。

图 7-6　背景图像使用 0.5 的 Glow 特效

下一节学习 DropShadow 特效。

7.1.5　DropShadow 特效

DropShadow 特效是在节点下创建一个阴影效果，具体做法是复制一个节点，填充阴影色并使复制节点偏移原节点位置一定距离。DropShadow 特效有几个配置参数需设定：

- **radius**　用法与 GaussianBlur 的 radius 参数相同。
- **height/width**　与 radius 参数效果一样，用来替代 radius。
- **spread**　阴影的不透明度，值为 0 将创建一个稀疏的轻度阴影，值为 1 将产生一个暗的锐利的阴影。
- **blurType**　创建阴影时用到的算法，可设置为 Gaussian、ONE_、TWO_或 THREE_PASS_BOX 算法。
- **color**　阴影的颜色，默认为 BLACK 色。

修改 ApplyEffects()函数以创建 DropShadow 特效，代码如下：

```
function ApplyEffects() : Effect{
      var effectToApply : Effect;
      effectToApply = DropShadow{
                          radius : 10;
```

```
                              offsetX: 10;
                              offsetY: 10;
                              spread: .2;
                              blurType : BlurType.THREE_PASS_BOX;
                        }
      return effectToApply;
}
```

这次不像以前那样将特效应用到背景图像，而是应用到蝴蝶图像。浏览完整的脚本以理解特效应用到蝴蝶图像上的方法：

```
/*
 * Chapter7.fx
 *
 * v1.0 - J. F. DiMarzio
 *
 * 5/20/2010 - created
 *
 * Applying Effects
 *
 */
package com.jfdimarzio.javafxforbeginners;

import javafx.stage.Stage;
import javafx.scene.Scene;
import javafx.fxd.FXDNode;
import javafx.scene.Group;
import javafx.scene.image.ImageView;
import javafx.scene.effect.*;

var imagePath : String = "{__DIR__}images/butterfly.fxz";
var butterflyImage : FXDNode = FXDNode{
      url: imagePath;
};

Stage {
    title : "Effects"
    scene: Scene {
        width: 800
        height: 600
        content: [
            SetImages(butterflyImage)
         ]
    }
}

function SetImages(image : FXDNode) : FXDNode {
            var butterfly : ImageView;
            var butterflyShadow : ImageView;
```

```
            var background : ImageView;

            butterfly = (image.getNode("butterfly") as ImageView);
            background = (image.getNode("background") as ImageView);
            butterfly.translateX = -50;
            butterfly.translateY = -50;
            butterfly.effect = ApplyEffects();
        return image;
    }
    function ApplyEffects() : Effect{
        var effectToApply : Effect;
        effectToApply = DropShadow{
                            radius : 10;
                            offsetX: 10;
                            offsetY: 10;
                            spread: .2;
                            blurType : BlurType.THREE_PASS_BOX;
                        }
        return effectToApply;
    }
```

该脚本在蝴蝶下面产生了一个阴影，如图 7-7 所示。

图 7-7　应用了 DropShadow 特效的蝴蝶

DropShadow 特效是创建一个原始图像的模糊副本，并将其放置在原始图像下且偏移一定距离，这样就看到了阴影。可使用 Shadow 特效来控制这些步骤。

Shadow 特效创建一个彩色的基于原始图像的模糊图像，但是它不能重复添加一个不可改变的图像副本，仅能逐步放置图像的阴影。必须手动向场景中添加图像的另一个实例来完成特效。

Shadow 特效比 DropShadow 特效有一定优势，比如想使阴影投射到和原始图像位置分离的地方，Shadow 特效可完全手动完成。

下面学习 InvertMask 特效。

7.1.6　InvertMask 特效

InvertMask 特效很简单，它可以翻转节点的不透明度，把节点中透明的部分变成不透明的，不透明的部分变成透明的。修改 ApplyEffects()函数以在蝴蝶图像上应用 InvertMask 特效：

```
function ApplyEffects() : Effect{
      var effectToApply : Effect;
      effectToApply = InvertMask{
      }
      return effectToApply;
}
```

编译并运行脚本，可看到在蝴蝶图像的四周围绕的方框，如图 7-8 所示。

图 7-8　蝴蝶图像上应用 InvertMask 特效

接下来学习 Lighting 特效。

7.1.7 Lighting 特效

Lighting 特效是到目前为止 JavaFX 提供的最复杂的特效，它可为平面对象增加真实度。尽管 Lighting 特效设置起来比较复杂，但如果正确使用，效果还是很明显的。

Lighting 特效的主参数是 Light,它代表 javafx.scene.effect.light 程序包中的灯光类型，Lighting 特效有三种不同的灯光类型：

- DistantLight(远灯)
- PointLight(点灯)
- SpotLight(射灯)

说明：

Lighting 特效和 Light 参数之间的关系是 Lighting 特效定义了特效如何使用 Light。

每种 Light 类型都有自己的参数来控制具体的灯光类型。

1. DistantLight 类型

DistantLight 类型有三个参数来配置和控制灯，下面是 DistanLight 的 map 值：

```
DistantLight{
        azimuth : <angle of the light in degrees>
        elevation : <elevation of the light to the object in degrees>
        color : <Color of light>
};
```

更新 ApplyEffects()函数以使用 DistantLight 类型实现 Lighting 特效。设置 azimuth(方位角)参数为 45，elevation(标高)参数为 45，Color(颜色)参数为 RED(红色)，如下所示。不要忘记引入程序 javafx.scene.paint.Color.*包来操控灯光的颜色。

```
function ApplyEffects() : Effect{
      var effectToApply : Effect;
      effectToApply = Lighting{
              light : DistantLight{
                  azimuth : 45;
                  elevation : 45;
                  color : RED;
              };
      }
      return effectToApply;
}
```

编译并运行脚本，将红色的远距离灯光效果应用到蝴蝶图像上，结果如图 7-9 所示。

图 7-9　蝴蝶图像应用红色的 DistantLight 特效

2. PointLight 类型

PointLight 类型的 map 值如下：:

```
PointLight{
               x: <x position of light source in 3D space> ;
               y: <y position of light source in 3D space>;
               z: <z position of light source in 3D space>;
               color : <color of light>;
};
```

与 DistantLight 类型的做法一样，编辑 ApplyEffects()函数以使用 PointLight 类型，其位置参数为 x 150、y 50、z 50，如下所示：

```
function ApplyEffects() : Effect{
      var effectToApply : Effect;
      effectToApply = Lighting{
          light : PointLight{
              x: 150;
              y: 50;
              z: 50;
              color : YELLOW;
            };
      }
```

```
        return effectToApply;
}
```

编译运行脚本后图像如图 7-10 所示。

图 7-10 蝴蝶图像应用黄色的 PointLight 特效

3. SpotLight 类型

SpotLight 和 PointLight 的参数相同，只是增加了几个光源点的导引，它们是 pointsAtX、pointsAtY 和 pointsAtZ 参数。

下面的 ApplyEffects()函数将 SpotLight 的灯光特效应用到蝴蝶图像上：

```
function ApplyEffects() : Effect{
      var effectToApply : Effect;
      effectToApply = Lighting{
          light : SpotLight{
              x: 150;
              y: 50;
              z: 50;
              pointsAtX: 400;
              pointsAtY: 50;
              pointsAtZ: 0;
              color : WHITE;
            };
      }
```

```
        return effectToApply;
}
```

编译脚本，图像如图 7-11 所示。

图 7-11　蝴蝶图像应用 Spotlight 特效

下面学习 SepiaTone 特效。

7.1.8　SepiaTone 特效

SepiaTone 特效用于模拟旧黑白电影的效果。早期的电影使用棕黑色来染色胶片，SepiaTone 特效就是模拟这个过程。它通过 level 参数来调节应用到节点的效果，level 参数取值为 0~1.

查看完整的脚本，注意到这次特效是应用到组图像而不是蝴蝶图像：

```
/*
 * Chapter7.fx
 *
 * v1.0 - J. F. DiMarzio
 *
 * 5/20/2010 - created
 *
 * Applying Effects
 *
 */
```

```
package com.jfdimarzio.javafxforbeginners;

import javafx.stage.Stage;
import javafx.scene.Scene;
import javafx.fxd.FXDNode;
import javafx.scene.Group;
import javafx.scene.image.ImageView;
import javafx.scene.effect.*;

var imagePath : String = "{__DIR__}images/butterfly.fxz";
var butterflyImage : FXDNode = FXDNode{
      url: imagePath;
};
Stage {
    title : "Effects"
    scene: Scene {
        width: 800
        height: 600
        content: [
            SetImages(butterflyImage)
         ]
    }
}
function SetImages(image : FXDNode) : FXDNode {
            var butterfly : ImageView;
            var butterflyShadow : ImageView;
            var background : ImageView;
            butterfly = (image.getNode("butterfly") as ImageView);
            background = (image.getNode("background") as ImageView);
            butterfly.translateX = -50;
            butterfly.translateY = -50;
            groupImage.effect = ApplyEffects();
       return image;
}

function ApplyEffects() : Effect{
      var effectToApply : Effect;
      effectToApply = SepiaTone{
            level: 1;
      }
return effectToApply;
}
```

脚本运行后的结果如图 7-12 所示。

图 7-12　goup 图像应用 SepiaTone 特效

本章的下一节将学习变换以及它和特效的区别。

7.2　变换

变换对节点的改变和特效不同，变换的主要作用是使图像沿着一个轴的方向移动。本章中已经使用过变换。

变换有三种不同的方式：xy 变换、旋转和透视变换。下面详细讲解这三种变换。

7.2.1　XY 变换

本章使用的脚本文件包含两个 ImageView 节点：background 和 butterfly。查看下面的 SetImage()函数，在该函数内使用变换将 butterfly ImageView 节点沿 x 轴移动-50 像素，再沿 y 轴移动-50 像素。

```
function SetImages(image : FXDNode) : FXDNode {
          var butterfly : ImageView;
          var butterflyShadow : ImageView;
          var background : ImageView;

          butterfly = (image.getNode("butterfly") as ImageView);
          background = (image.getNode("background") as ImageView);
          butterfly.translateX = -50;
          butterfly.translateY = -50;
          groupImage.effect = ApplyEffects();
```

```
    return image;
}
```

ImageView 节点有 translateX 和 translateY 属性，这些属性用于在 Scene 对象内移动 ImageView 节点。

7.2.2 旋转

旋转 ImageView 节点就是节点简单的沿一个轴移动，ImageView 节点有个 rotate 属性，为该属性设置想要图像旋转的角度即可。例如，浏览下面的 SetImage()函数，其中使蝴蝶图像旋转了 45°，运行结果如图 7-13 所示。

图 7-13 图像旋转 45°

说明：

编译脚本之前，删除 ApplyEffects()函数中的 Sepia 特效，使蝴蝶图像回到原始状态。

```
function SetImages(image : FXDNode) : FXDNode {
        var butterfly  : ImageView;
        var butterflyShadow : ImageView;
        var background : ImageView;

        butterfly = (image.getNode("butterfly") as ImageView);
        background = (image.getNode("background") as ImageView);
        butterfly.rotate = 45;
        butterfly.effect = ApplyEffects();
    return image;
}
```

下面学习 Effects 程序包的另外一个成员—透视变换，它可改变节点的透视。

7.2.3　透视变换

透视变换是通过控制节点四角的 x、y 坐标来改变节点的透视。

透视变换有八个参数，分别是左上角、右上角、左下角、右下角的 x、y 坐标。浏览下面 ApplyEffects()函数的代码：

```
function ApplyEffects() : Effect{
      var effectToApply : Effect;
      effectToApply = PerspectiveTransform{
      ulx : 100;
      uly : 100;
      urx : 400;
      ury : 100;
      lrx : 400;
      lry : 550;
      llx : 100;
      lly : 350;
      };
      return effectToApply;
}
```

本例设置了节点每个角的坐标，使用透视变换时需要一些实践，试验不同的坐标值才能达到预期的效果。前面代码运行结果如图 7-14 所示。

图 7-14　蝴蝶图像使用透视变换效果

试一试　　　混合多种效果

“你不可能做到面面俱到”这句话用在 JavaFX 特效中特别合适。仅在图像中应用一种特效是很少见的，为使图像获得预期的效果常常需要应用多种特效。

使用本章学习的技能创建一个新项目并包含一个图像。在该图像上同时应用多种特效，调节这些特效的属性以创造新奇的图像。

特效和变换就学到这里，下一章开始学习基本动画。

7.3 自测题

1. 如何为变量指定类型?
2. 哪个特效仅使节点的高对比区域发光？
3. ColorAdjust 特效的参数如果没有指定，默认都是 0，正确还是错误？
4. 创建 GaussianBlur 特效需指定哪个参数？
5. Glow 特效和 Bloom 特效之间的区别是什么？
6. DropShadow 特效不需要指定 radius 和 height/width 参数，正确还是错误？
7. 使图像中所有不透明的区域变得透明是哪个特效？
8. Lighting 特效有哪三种不同的灯光？
9. 下面的代码能做什么？

```
butterfly.rotate = 45;
```

10. 创建透视变换特效需指定多少个参数？

第8章

基本动画

重要技能与概念：

- 使用时间轴
- 创建路径
- 使用关键帧

本章介绍基本 JavaFX 动画。无论是创建动态文字还是获取游戏开发知识，基本动画都是首先要学习的技能。

处理 JavaFX 基本动画需要掌握以下 3 个基本主题：

- 时间轴

- 关键帧
- 路径

开始学习本章前，在 NetBeans IDE 中打开一直使用的 JavaFXForBeginners 项目，创建一个新的空 JavaFX 脚本，命名为 Chapter8.fx。根据前面的知识，该脚本的内容应该如下所示：

```
/*
 * Chapter8.fx
 *
 * v1.0 - J. F. DiMarzio
 *
 * 5/27/2010 - created
 *
 * Basic Animation
 *
 */

package com.jfdimarzio.javafxforbeginners;

/**
 * @author JFDiMarzio
 */

// place your code here
```

本章的第一节讲解时间轴。

8.1 时间轴

所有的动画无论是手绘的传统动画还是计算机创建的动画，都是由节奏控制的。何时发生什么动作、从房间的一侧走到另一侧所需的时长、对话时口形同步等这一切行为都是由某种意义的节奏来控制。动画的节奏决定每个动作何时开始、何时结束以及动作持续的时间。

节奏对于动画的连续和流畅是至关重要的，如果动画中每帧之间的时间太长，看起来就会缓慢而抖动。如果每帧之间时间太短，看起来就会太快。这就是节奏为何如此重要的原因。

在 JavaFX 中动画的节奏是由时间轴控制的。时间轴通过关键帧和输出值来控制屏幕上的动画。JavaFX 的时间轴在 javafx.animation.Timeline 包中。

时间轴的目的是将动画帧按时间分解成断点，意思是如果告诉时间轴从现在起一秒钟后对象的位置，接着是五秒后对象的位置，那么时间轴将产生一个值使对象移动。时间轴负责产生一个平稳递增的值，代表指定关键帧上一段时间内对象的运动。现在这听起来有点混乱，但看到时间轴实际的例子后就会清楚一些。

时间轴可以分解成很多关键帧的集合，关键帧是动画中动作改变的点。比如，想创作一个从屏幕的上方飞到底部的蝴蝶动画，那么关键帧将代表位于的屏幕上方的动画起始点和底部的结束点，如图 8-1 和图 8-2 所示，时间轴的任务是填充这之间的空白。

现在为第 6 章和第 7 章使用过的蝴蝶图像创作动画，将蝴蝶图像沿 Y 轴向下移动。首先通过调用 butterfly.fxz 文件的 background 图像和 butterfly 图像设置自己的图像。

说明：
要复习如何从 FXZ 文件调用图像，请回顾第 6 章。

下面的代码设置 image 变量：

```
/*
 * Chapter8.fx
 *
 * v1.0 - J. F. DiMarzio
 *
 * 5/27/2010 - created
 *
 * Basic Animation
 *
 */

package com.jfdimarzio.javafxforbeginners;
import javafx.stage.Stage;
import javafx.fxd.FXDNode;
import javafx.scene.image.ImageView;
import javafx.scene.Group;

/**
 * @author JFDiMarzio
 */
```

图 8-1　蝴蝶动画第一个关键帧

图 8-2 蝴蝶动画第二个关键帧

```
/* Create image variables */
var imagePath : String = "{__DIR__}images/butterfly.fxz";
var butterflyImage : FXDNode = FXDNode{url: imagePath;}
var groupImage : Group = butterflyImage.getGroup("group1");
var butterfly : ImageView;
var background : ImageView;
/* END Create */

/* Set images */
butterfly = (butterflyImage.getNode("butterfly") as ImageView);
background = (butterflyImage.getNode("background") as ImageView);
/* End Set */

/* Move butterfly to y0 */
butterfly.y = 0;
var y: Integer = 0;
```

如果学过第 6 章和第 7 章，就能明白上面的代码。因此这里仅简要说明一下：第一段代码包含了变量声明，5 个变量分别保存图像、路径和组。注意 imagePath 变量保存的{__DIR__}常量指向了 FXZ 文件，它可用来创建 butterflyImage 节点，而接下来 butterflyImage 节点用来创建 groupImage 节点。

第二段代码是创建蝴蝶图像和背景图像，这些图像是用 butterflyImage 节点的 getNode()函数提取的。接下来，设置蝴蝶图像位置的 y 轴坐标值为 0，将蝴蝶图像置于屏幕最上方，提供足够的下移空间。最后，创建一个后面时间轴要用到的 Integer 型变量 Y。

设置完图像后，创建一个 Scene 对象，将其 content 属性指定为 groupImage：

```
import javafx.scene.Scene;

Stage{
  title: "Basic Animation"
  scene:
     Scene{
       width: 800
       height: 600
       content:[
        groupImage
      ]
     }
}
```

现在脚本的基本设置已经完成，开始设置时间轴。创建一个时间轴，使蝴蝶在 2 秒内从屏幕上方(y:0)移动到底部(y:400)。首先创建时间轴脚本：

```
Timeline{

}.play();
```

注意，paly()函数是在时间轴结束位置调用的，该函数的意义正如函数名的字面意义，使对象按时间轴开始运行。

要使用时间轴还需要添加关键帧集合。该集合内有两个关键帧，第一个关键帧代表 0 秒时蝴蝶位于屏幕的上方，第二个关键帧代表 2 秒后蝴蝶位于屏幕的底部，下面是个关键帧的简单例子：

```
Timeline{
    keyFrames:[
        at (0s) { }
        at (2s) { }
        ]
}.play();
```

现在该编写时间轴的核心代码了，在每个关键帧内通过设置帧的 translateY 值使蝴蝶图像移动，第一个关键帧内 translateY 值设定为 0，第二个关键帧设定为 400，剩下的工作就交给时间轴来完成，代码如下：

```
import javafx.animation.Interpolator;

def frame = butterfly;
Timeline{
    keyFrames:[
        at (0s) { frame.translateY => 0}
        at (2s) { frame.translateY => 400 tween Interpolator.LINEAR}
        ]
}.play();
```

第二个关键帧中的补间动画(tween)是告诉时间轴创建所有 0~400 的值并将这些值赋给 2 秒内的 translateY 属性。

说明：
在动画中，绘制两个关键帧之间所有图像的过程叫做补间。

完成的代码如下：

```
/*
 * Chapter8.fx
 *
 * v1.0 - J. F. DiMarzio
 *
 * 5/27/2010 - created
 *
 * Basic Animation
 *
 */

package com.jfdimarzio.javafxforbeginners;
import javafx.stage.Stage;
import javafx.scene.Scene;
import javafx.fxd.FXDNode;
import javafx.scene.image.ImageView;
import javafx.animation.Timeline;
import javafx.animation.Interpolator;
import javafx.scene.Group;

/**
 * @author JFDiMarzio
 */

/* Create image variables */
var imagePath : String = "{__DIR__}images/butterfly.fxz";
var butterflyImage : FXDNode = FXDNode{url: imagePath;}
var groupImage : Group = butterflyImage.getGroup("group1");
var butterfly : ImageView;
var background : ImageView;
/* END Create */

/* Set images */
butterfly = (butterflyImage.getNode("butterfly") as ImageView);
background = (butterflyImage.getNode("background") as ImageView);
/* End Set */

/* Move butterfly to y0 */
butterfly.y = 0;
def frame = butterfly;
Timeline{
```

```
    keyFrames:[
        at (0s) { frame.translateY => 0}
        at (2s) { frame.translateY => 400 tween Interpolator. LINEAR }
        ]
}.play();

Stage{
  title: "Basic Animation"
  scene:
     Scene{
       width: 800
       height: 600
       content:[
        groupImage
      ]
    }
}
```

运行脚本将看到蝴蝶图像从屏幕的顶部移动到底部。

如果想让蝴蝶图像不停地上下移动，这也很简单，首先使到达底部的蝴蝶返回，将时间轴的 autoReverse 属性值设置为 true，然后重复这个过程则设置 repeatCount 参数，如下代码所示：

提示：

repeatCount 参数可以设置为数值型的值如 2 或 450，也可将该参数设置为 INDEFINITE 常量，代表无限次重复。

```
Timeline{
    repeatCount: Timeline.INDEFINITE;
    autoReverse:true;
    keyFrames:[
        at (0s) { frame.translateY => 0}
        at (2s) { frame.translateY => 400 tween Interpolator.LINEAR}
        ]
}.play();
```

这个过程是个很好的简单动作动画的示例，但是如果想让蝴蝶图像以更复杂的方式运动该如何进行呢？本章的下一节讲解图像沿运动的路径动画。

8.2 路径动画

如果做了大量的复杂数学计算，就可以用上一节讲的动画模式来创建具有很多运动的动画。然而，如果真正要创作复杂的动画，比如一个物体绕着屏幕做曲线运动，那么就要使用路径动画了，它是 JavaFX 提供的另外一种创建动画的方法，允许对象沿着预定的轨迹移动。本节将学习如何利用前面的知识来创建路径，并使用路径创建蝴蝶动画。

路径动画的概念是利用点、线、弧线来创建一个路径，JavaFX 可使图像沿路径产生动画。

首先设置 Chapter8.fx 文件如下：

```
/*
 * Chapter8.fx
 *
 * v1.0 - J. F. DiMarzio
 *
 * 5/27/2010 - created
 *
 * Basic Animation
 *
 */
package com.jfdimarzio.javafxforbeginners;

import javafx.stage.Stage;
import javafx.scene.Scene;

import javafx.fxd.FXDNode;
import javafx.scene.image.ImageView;
import javafx.scene.Group;

/**
 * @author JFDiMarzio
 */

/* Create image variables */
var imagePath : String = "{__DIR__}images/butterfly.fxz";
var butterflyImage : FXDNode = FXDNode{url: imagePath;}
var groupImage : Group = butterflyImage.getGroup("group1");
var butterfly : ImageView;
var background : ImageView;
/* END Create */

/* Set images */
butterfly = (butterflyImage.getNode("butterfly") as ImageView);
background = (butterflyImage.getNode("background") as ImageView);
/* End Set */

/* Move butterfly to y0 */
butterfly.y = 0;

Stage {
      title : "MyApp"
      onClose: function () { }
      scene: Scene {
            width: 800
            height: 600
```

```
            content: [ groupImage ]
        }
}
```

和前面看到的一样，这段代码抓取了曾在 Scene 中使用和显示过的蝴蝶和背景图像。上一节中，Scene 对象的动画是蝴蝶图像沿 y 轴上下移动，本例中将使蝴蝶沿抽象路径移动。

接下来要创建希望蝴蝶移动的路径。可使用 Path 节点来创建这个路径，该节点接受一组元素来创建路径，可简单的创建一组元素来生成抽象的图形路径，下面一段代码定义了一个线形图形元素数组。

说明：

一定要注意下面代码中所需的程序包。

```
import javafx.scene.shape.MoveTo;
import javafx.scene.shape.ArcTo;
import javafx.scene.shape.ClosePath;

/* Initial shape to move butterfly around */
def pathShape = [
    MoveTo {x : 150.0, y : 150.0}
    ArcTo {x : 350.0, y : 350.0, radiusX : 150.0, radiusY : 300.0}
    ArcTo {x : 150.0, y : 150.0, radiusX : 150.0, radiusY : 300.0}
    ClosePath{}
];
```

上面的代码并不复杂或棘手，只是创建了 pathShape 元素集合，该集合中的元素包含了 MoveTo、ArcTo 的两个实例和 ClosePath，这些元素的组合创建了一个蝴蝶要跟随的路径。

MoveTo 元素正如名称所示：将对象移动到直角坐标网格的特定点，本例中是移动到点 x150、y150，可指定此点为开始“绘制”前的第一个元素，以便清晰地移动路径的起始点。

接下来两个元素都是绘制弧线，第一个 ArcTo 元素从上个位置点绘制一条弧线(本例中是 x150、y150)，第二个 ArcTo 元素从上个弧线的结束点绘制另外一条弧线。最后 ClosePath 元素连接这些点并关闭路径(如果原来没有关闭)。

记住，现在拥有的是一个元素集合，还不是一个路径。幸运的是路径是由一组元素创建的，可将该集合传递给 Path 节点来创建一个路径，如下代码所示，再次注意使用 Path 节点必须引入的程序包。

```
import javafx.scene.shape.Path;

/* Path definition */
def butterflyPath : Path = Path{
    elements: pathShape
}
```

这段代码中将 pathShape 传递给 Path 节点的 elements 属性，这告诉 JavaFX 把这组元素组合成 Path 节点。Path 节点负责将已定义的元素组生成一个节点的所有工作。JavaFX 动画包使用这个 Path 节点并生成所需的蝴蝶动画。

```
import javafx.animation.transition.PathTransition;
import javafx.animation.transition.OrientationType;
import javafx.animation.Timeline;
import javafx.animation.transition.AnimationPath;

/* Animation */
PathTransition{
    repeatCount: Timeline.INDEFINITE
    duration: 10s
    orientation: OrientationType.ORTHOGONAL_TO_TANGENT
    node: butterfly
    path: AnimationPath.createFromPath(butterflyPath)
}.play();
```

创建动画要使用 PathTransition 类，该类有一些熟悉的参数。与时间轴一样，PathTransition 类的参数有 autoReverse、repeatCount、duration 和 interpolator，但是路径动画还要注意 node、path 和 orientation 参数。

node 参数是指要创建动画的对象。本例中，图像组的蝴蝶图像是 PathTransition 类的 node 值。

提示：

因为蝴蝶图像是图像组其中之一，而图像组被指定给 Scene 对象的 content 属性，所以蝴蝶动画将显示在背景上。

node 参数使动画沿着前面创建的路径运动，但是创建的路径是个 Path 节点，而且 PathTransition 类预期的值是 AnimationPath。不必担心，AnimationPath 的 createFromPath() 函数可以从 Path 节点生成 AnimationPath。前面的代码示例中，把 butterflyPath 值传递给 createFromPath()函数，并把结果指定给 path 属性。

最后，orientation 参数指明节点沿路径运动的位置，如果没有指明 orientation 值，图像将保留绘制在屏幕时的 orientation 值。所以本例中，蝴蝶仍是头朝上沿椭圆轨迹移动。当然，也可为 orientation 值指定为 ORTHOGONAL_TO_TANGENT 常量，它告诉 JavaFX 当节点沿轨迹移动时，实时改变节点的朝向，这使动画看起来更逼真。

完整的路径动画脚本如下：

```
/*
 * Chapter8.fx
 *
 * v1.0 - J. F. DiMarzio
 *
 * 5/27/2010 - created
 *
```

```
 * Basic Animation
 *
 */

package com.jfdimarzio.javafxforbeginners;

import javafx.stage.Stage;
import javafx.scene.Scene;
import javafx.scene.shape.MoveTo;
import javafx.scene.shape.ArcTo;
import javafx.scene.shape.ClosePath;
import javafx.fxd.FXDNode;
import javafx.scene.image.ImageView;
import javafx.animation.Timeline;
import javafx.scene.Group;
import javafx.animation.transition.PathTransition;
import javafx.animation.transition.OrientationType;
import javafx.animation.transition.AnimationPath;
import javafx.scene.shape.Path;

/**
 * @author JFDiMarzio
 */

/* Create image variables */
var imagePath : String = "{__DIR__}images/butterfly.fxz";
var butterflyImage : FXDNode = FXDNode{url: imagePath;}
var groupImage : Group = butterflyImage.getGroup("group1");
var butterfly : ImageView;
var background : ImageView;
/* END Create */

/* Set images */
butterfly = (butterflyImage.getNode("butterfly") as ImageView);
background = (butterflyImage.getNode("background") as ImageView);
/* End Set */

/* Move butterfly to y0 */
butterfly.y = 0;

/* Initial shape to move butterfly around */
def pathShape = [
    MoveTo {x : 150.0, y : 150.0}
    ArcTo {x : 350.0, y : 350.0, radiusX : 150.0, radiusY : 300.0}
    ArcTo {x : 150.0, y : 150.0, radiusX : 150.0, radiusY : 300.0}
    ClosePath{}
];
/* Path definition */
def butterflyPath : Path = Path{
```

```
    elements: pathShape
}

/* Animation */
PathTransition{
    node: butterfly
    repeatCount: Timeline.INDEFINITE
    duration: 10s
    orientation: OrientationType.ORTHOGONAL_TO_TANGENT
    interpolate: true
    path: AnimationPath.createFromPath(butterflyPath)
    }.play();

Stage {
      title : "MyApp"
      onClose: function () { }
      scene: Scene {
            width: 800
            height: 600
            content: [ groupImage ]
      }
}
```

编译上述代码，在默认配置下运行，可看到蝴蝶沿椭圆轨迹运动的动画。

试一试　　创建一个路径动画

前面几章的“试一试”小节关注的都是该章中没有直接涉及的附加功能，但由于本章讲解的技能很重要，因此本栏目将着眼于提高这些技能。

创建一个新项目，添加一个图像或图形，试着创建自己的动画轨迹，试一试不同大小和长度的轨迹，调整时间轴的速度来改变动画的效果。JavaFX 的动画功能使用得越顺手，应用程序开发得就好。

8.3 自测题

1. 动画的节奏为什么很重要？
2. JavaFX 动画的计时器由什么控制?
3. 时间轴的参数是什么？
4. 时间轴是如何开始的？
5. transition 关键字告诉时间轴创建关键帧之间的所有值，正确还是错误？
6. 时间轴执行的次数是由什么参数控制的？
7. ClosePath()函数的作用是什么?
8. 路径是由什么组创建的？

9. 由 Path 节点创建 AnimationPath 节点要用到哪个函数？
10. 哪种 OrientationType(朝向类型)类型将沿运动轨迹改变节点的朝向？

第9章

使 用 事 件

重要技能与概念：

- 响应鼠标事件
- 使用匿名函数
- 捕获键盘事件

本章介绍 JavaFX 事件。使用事件时以上这些概念是开发富交互环境应用程序的关键，它可使应用程序响应用户的行为。

9.1 事件的概念

在 JavaFX 中事件提供了一种和用户交互的方式。开发人员可以用很多类型的事件帮助用户和应用环境之间进行交互和响应，事件是用户以某种方式和应用环境交互所触发的结果，而开发人员捕获这些事件并根据收集的信息写出相应的动作。

本章将研究使用两个常用的事件集：鼠标事件(onMouse*)和键盘事件(onKey*)。

9.1.1 鼠标事件

鼠标事件是任何指针式输入行为的通用术语，输入设备不仅仅是指鼠标，任何能在应用环境中出现移动指针的设备都能产生鼠标事件。如果鼠标器、手写笔、轨迹球、手写板以及其他导航设备的指针移动到 JavaFX 应用环境，都将产生鼠标事件。

说明：

非鼠标的输入设备并不能激活所有的鼠标事件，比如触屏或手写笔不能激活 onMouseWheelMoved 事件。

说明：

下面的鼠标事件需指定给具体的节点，这意味着必须监听 Scene 对象中适用于特定节点的这些事件。所以就不能只是随意探测到 Scene 对象内触发的 onMousePressed 事件即可，而是必须探测是否为特定节点如按钮或文本框所触发的 onMousePressed 事件。

下面是鼠标事件可捕获的行为：

- 鼠标点击
- 按住鼠标
- 释放鼠标
- 鼠标拖拽
- 鼠标输入
- 鼠标关闭
- 鼠标移动
- 鼠标滚轮移动

这些行为从名称上已经描述的很详细，足以使我们能断定该监听哪个行为。但是有些行为的名称有些相似和混淆，所以开始编写相关代码之前要弄清楚每个行为的含义。

说明：

请记住，虽然在常用的配置文件中这些行为是节点的一部分，但是处理它们的方式可能取决于不同的配置文件了。

- **onMouseClicked**　如果检测到一次完整的鼠标单击行为就触发该事件(用户按下并释放鼠标按键)。

- **onMousePressed** 当用户按下鼠标按键时触发该事件，不必像 onMouseClick 事件那样释放按键。
- **onMouseReleased** 该事件是 onMouseClick 事件的后半步，当鼠标按键释放时触发它。
- **onMouseDragged** 当按下鼠标键并移动鼠标时触发该事件。捕获该事件也有助于跟踪拖放的 x、y 坐标值。
- **onMouseEntered** 当鼠标指针进入事件所隶属的节点时触发该事件。
- **onMouseExited** 当鼠标指针离开事件所隶属的节点时触发该事件。
- **onMouseMoved** 当鼠标移动到给定节点的边界内时触发该事件。
- **onMouseWheelMoved** 鼠标滚轮每单击一次都触发该事件。

上述事件中有些看起来有点冗余，比如 onMousePressed 加上 onMouseReleased 难道不是等于 onMouseClicked 吗？不完全是这样，下面看几个情景：

如果单击了一个节点，将会按顺序触发下面的事件：

- onMousePressed
- onMouseClicked

注意，这里没有触发 onMouseReleased 事件，JavaFX 将完整的 onMousePressed 事件识别为 onMouseClicked 事件的逻辑结论。但是如果在按下和释放按键之间移动鼠标(有意或无意执行鼠标拖动)，将按顺序触发下面的事件：

- onMousePressed
- onMouseDragged
- onMouseReleased

这个例子中没有触发 onMouseClicked 事件，因为在按下和释放之间触发了其他事件，JavaFX 就不触发 onMouseClicked 事件。

理解 onMouseClicked 事件的最好方式是将它作为封装了 onMousePressed 和 onMouseReleased 连续事件对。如果这对事件之间触发了其他任何事件，那么这个行为就不再被认为是 onMouseClicked 事件。

为什么两种情况下都能触发 onMousePressed 事件呢？因为 JavaFX 不能预测 onMousePressed 事件之后要发生什么动作，在动作完成前不清楚将要发生 onMouseClicked 还是 onMouseReleased 事件，所以总是触发 onMousePressed 事件。

现在我们已经理解事件的触发条件，下面讨论如何捕获事件。

onMouse*事件继承自 Node 类， 任何 Node 类的子类都能捕获这些事件。因此，所有能添加到 Scene 对象的图形、按钮、标签和文本框都能捕获这些事件，并且能发出相应的动作。

提示：

创建一个新的空 JavaFX 脚本文件 Chapter9.fx，尝试下面的例子。

空白的新文件如下：

```
/*
 * Chapter9.fx
 *
 * v1.0 - J. F. DiMarzio
 *
 * 6/15/2010 - created
 *
 * Using Events
 *
 */

package com.jfdimarzio.javafxforbeginners;

/**
 * @author JFDiMarzio
 */
```

现在向 Scene 对象添加一个 circle 节点，circle 节点将用来捕捉鼠标事件。最后，添加一个 label 节点来显示事件。代码如下所示：

提示：

画图的知识请参阅第 4 章。

```
/*
 * Chapter9.fx
 *
 * v1.0 - J. F. DiMarzio
 *
 * 6/15/2010 - created
 *
 * Using Events
 *
 */
package com.jfdimarzio.javafxforbeginners;

import javafx.stage.Stage;
import javafx.scene.Scene;
import javafx.scene.shape.Circle;
import javafx.scene.paint.Color;
import javafx.scene.control.Label;


/**
 * @author JFDiMarzio
 */

Stage {
      title : "UsingEvents"
```

```
    onClose: function () { }
    scene: Scene {
          width: 450
          height: 400
          content: [
                  Circle {
                      centerX: 100,
                      centerY: 100
                      radius: 100
                      fill: Color.BLACK
                  }
                  Label {
                      text: "";
                      layoutX:10;
                      layoutY:250;
                  }
              ]
    }
}
```

设置 label 节点绑定的变量，将事件内容赋给该变量，以使变量直接绑定到标签节点的文本属性：

```
var message : String = "";
```

现在可以写一个匿名函数来处理每一个鼠标事件，匿名函数的作用是当事件触发时立即做出响应。该函数封装当特定事件触发时用户执行的所有逻辑。本例中，匿名函数将事件内容写入绑定到 lable 节点的 text 属性变量 message 中。

匿名函数将作为一个参数包含到 MouseEvent 内部，引入 MouseEvent 事件要用到下面的程序包:

```
import javafx.scene.input.MouseEvent;
```

说明：

MouseEvent 的两个实例位于不同的程序包内，另外一个 MouseEvent 在 java.awt 包中，本例中如果引入不正确的程序包将引发错误。

现在可设置函数来向变量赋值，代码如下：

```
function (event : MouseEvent) : Void{
          message = event.toString();
}
```

在任意要捕获的鼠标事件中使用该函数，事件的内容将输出到屏幕的标签上。

在已添加到 Scene 对象中的 circle 节点上使用 onMousePressed 事件：

```
onMousePressed: function (event : MouseEvent) : Void{
               message = event.toString();
                }
```

上述代码的逻辑是触发 onMousePressed 事件即用户在 circle 节点的范围内按下鼠标按键时，该事件被捕获并写入变量 message 中。message 变量是绑定到 label 节点的 text 属性，它最后显示在屏幕上圆形下方。

在 circle 节点的 onMouseReleased 和 onMouseClicked 事件上使用相同的匿名函数，完成后的代码如下所示：

```
/*
 * Chapter9.fx
 *
 * v1.0 - J. F. DiMarzio
 *
 * 6/15/2010 - created
 *
 * Using Events
 *
 */
package com.jfdimarzio.javafxforbeginners;

import javafx.stage.Stage;
import javafx.scene.Scene;
import javafx.scene.shape.Circle;
import javafx.scene.paint.Color;
import javafx.scene.control.Label;
import javafx.scene.input.MouseEvent;

/**
 * @author JFDiMarzio
 */
var message : String = "";

Stage {
      title : "UsingEvents"
      onClose: function () { }
      scene: Scene {
            width: 450
            height: 400
            content: [
                    Circle {
                        centerX: 100,
                        centerY: 100
                        radius: 100
                        fill: Color.BLACK
                        onMousePressed: function (event : MouseEvent) : Void{
                            message = event.toString();
                            }
                        onMouseReleased:function (event : MouseEvent) : Void{
                            message = event.toString();
                            }
```

```
                    onMouseClicked:function (event : MouseEvent) : Void{
                        message = event.toString();
                        }
                    }
                    Label {
                        text: bind message;
                        layoutX:10;
                        layoutY:250;
                    }
            ]
    }
}
```

在默认配置文件下运行代码，将看到屏幕上出现黑色的圆形，如图 9-1 所示。

图 9-1 黑色的圆

现在将鼠标移到圆形内，按下鼠标按钮触发 circle 节点的 onMousePressed 事件，屏幕上就写出如下信息：

```
MouseEvent [x=129.0, y=92.0, button=PRIMARY PRESSED
```

不移动鼠标释放按键，可看到下面的信息：

```
MouseEvent [x=129.0, y=92.0, button=PRIMARY CLICKED
```

这表示触发了 onMouseClicked 事件。

下面再做一个测试，在圆内试着按下鼠标键，拖动一定距离，接着释放按键，可看到显示下列信息：

说明：

不是同时显示两行信息，而是按顺序显示。

```
MouseEvent [x=86.0, y=89.0, button=PRIMARY PRESSED]
MouseEvent [x=133.0, y=129.0,
           button=PRIMARY, dragX 63.0, dragY 27.0 RELEASED]
```

可以看到按下和释放事件中记录了拖放 x、y 坐标。使用这些信息可计算对象被拖动的距离、拖动的方向以及释放的位置。

尝试在脚本中添加剩余的鼠标事件(后面将看到)，在不同的情景下测试，将看到大量的可在脚本中捕获并使用的有用信息。

```
/*
 * Chapter9.fx
 *
 * v1.0 - J. F. DiMarzio
 *
 * 6/15/2010 - created
 *
 * Using Events
 *
 */

package com.jfdimarzio.javafxforbeginners;

import javafx.stage.Stage;
import javafx.scene.Scene;
import javafx.scene.shape.Circle;
import javafx.scene.paint.Color;
import javafx.scene.control.Label;
import javafx.scene.input.MouseEvent;

/**
 * @author JFDiMarzio
 */
var message : String = "";

Stage {
      title : "UsingEvents"
      onClose: function () { }
      scene: Scene {
            width: 450
            height: 400
            content: [
                    Circle {
                        centerX: 100,
                        centerY: 100
                        radius: 100
                        fill: Color.BLACK
```

```
                onMousePressed: function (event : MouseEvent) : Void{
                    message = event.toString();
                    }
                onMouseReleased:function (event : MouseEvent) : Void{
                    message = event.toString();
                    }
                onMouseClicked:function (event : MouseEvent) : Void{
                    message = event.toString();
                    }
                onMouseDragged:function (event : MouseEvent) : Void{
                    message = event.toString();
                    }
                onMouseEntered:function (event : MouseEvent) : Void{
                    message = event.toString();
                    }
                onMouseExited:function (event : MouseEvent) : Void{
                    message = event.toString();
                    }
                onMouseWheelMoved:function (event : MouseEvent) :
                Void{
                    message = event.toString();
                    }
            }
            Label {
                text: bind message;
                layoutX:10;
                layoutY:250;
            }
        ]
    }
}
```

提示：

请记住，onMouse*事件继承自 Node 类，这主要表明 Stage 对象和 Scene 对象不是 Node 的子类，所以仅当事件出现在 Scene 对象的 Node 里才能捕获这些事件。如果这些事件随机发生在 Scene 对象的上下文中，也不能捕获它们。

另外一种可以捕获的事件是键盘事件，下一节将学习使用和捕获键盘事件的方法。

9.1.2　键盘事件

键盘事件，顾名思义就是用户使用键盘时触发的事件。捕获键盘事件非常有用，比如可编写脚本让用户使用方向键移动 Scene 对象内的对象，或者使用 ESC 键来停止播放动画。所以在 JavaFX 脚本中捕获键盘事件可为用户提供更多的实用性。

键盘事件继承自 Node 类，所以它和 onMouse* 事件一样，只有节点能够捕获它。onKey* 事件有三种类型，分别是 onKeyPressed、onKeyReleased 和 onKeyTyped 事件。当用户使用键盘时(或者移动用户的键盘)，按下列顺序触发事件：

- 键盘按下
- 键盘敲击
- 键盘释放

修改上节的脚本来捕获键盘事件，完成后的脚本代码如下：

```
/*
 * Chapter9.fx
 *
 * v1.0 - J. F. DiMarzio
 *
 * 6/15/2010 - created
 *
 * Using Events
 *
 */

package com.jfdimarzio.javafxforbeginners;

import javafx.stage.Stage;
import javafx.scene.Scene;
import javafx.scene.shape.Circle;
import javafx.scene.paint.Color;
import javafx.scene.control.Label;
import javafx.scene.input.KeyEvent;

/**
 * @author JFDiMarzio
 */
var message : String = "";

Stage {
      title : "UsingEvents"
      onClose: function () { }
      scene: Scene {
            width: 450
            height: 400
            content: [
                    Circle {
                        centerX: 100,
                        centerY: 100
                        radius: 100
                        fill: Color.BLACK
                        focusTraversable: true;
                        onKeyPressed:function(event: KeyEvent):Void{
                           message = event.toString();
                        }
                        onKeyReleased:function(event: KeyEvent):Void{
                           message = event.toString();
```

```
                    }
                    onKeyTyped:function(event: KeyEvent):Void{
                       message = event.toString();
                    }
                }
                Label {
                      text: bind message;
                      layoutX:10;
                      layoutY:250;
                }
          ]
     }
}
```

如果仔细阅读代码，会发现 Circle 节点的属性略有不同。为使该例子正常运行，需设定 focusTraversable 属性。该属性使 circle 节点能够接受 Scene 对象中动作的焦点，如果不设置该属性，使用键盘输入时 JavaFX 不确定用户是与哪个节点进行交互。

提示：

focusTraversable 属性也能使焦点在节点之间转移，如果用户需在两个节点之间转移焦点，那么这两个节点的 focusTraversable 属性都必须设定为 true。

在 Mobile 配置下运行脚本，可看到如图 9-2 所示的结果。

图 9-2　Mobile 配置下捕获键盘事件

当脚本运行在手机模拟器上时，按键盘上数字键 2，可看到如下信息：

```
KeyEvent node [javafx.scene.shape.Circle] ,
              char [] , text [2] , code [VK_2]
KeyEvent node [javafx.scene.shape.Circle] ,
              char [2] , text [2] , code [VK_UNDEFINED]
KeyEvent node [javafx.scene.shape.Circle] ,
              char [] , text [2] , code [VK_2]
```

注意到 KeyEvent 有个名为 char[]的属性，该属性仅在 onKeyTyped 事件中可用，所以如果只获得 char[]属性，那么仅在 onKeyTyped 事件信息中能看到它。现在按下模拟器的上下方向键，对比输出的结果：

```
KeyEvent node [javafx.scene.shape.Circle] , char [] , text [Up] , code [VK_UP]
KeyEvent node [javafx.scene.shape.Circle] , char [] , text [Up] , code [VK_UP]
```

请注意，方向键在 Mobile 配置中不能触发 onKeyTyped 事件，只能触发 onKeyPressed 事件和 onKeyReleased 事件。

提示：
上面例子中，手机模拟器屏幕不能显示事件的全部内容，在脚本中添加下面一行代码可在 NetBeans 的输出窗口显示事件信息的全部内容。

```
System.out.println(message)
```

注意触发了什么事件、按什么顺序执行是非常重要的。当尝试捕获并响应用户输入时，这些可使工作变得非常简单。

专家释疑

问： onMouse 事件和 onKey 事件的重要性是什么？

答： 要使用本章所讲的事件，最好的方式就是让用户和应用程序进行交互。从计算机应用程序诞生开始，用户就只有两种方式和它进行交互，键盘和鼠标。你不可避免的需要创建一个在某种程度上和用户交互的程序，所以响应 onMouse 和 onKey 事件是收集用户信息的最有用工具之一。

9.2 自测题

1. onMouse* 事件继承自什么类?
2. 何时触发 onMouseEntered 事件?
3. 只有鼠标拖动时才触发 onMouseReleased 事件，正确还是错误？
4. 任何 Node 类的子类都能捕获 onMouse*事件，正确还是错误？
5. 使用事件时，匿名函数的作用是什么？
6. 鼠标指针离开事件的所属节点时，将触发哪个鼠标事件？

7. 用户使用键盘时将触发哪3个事件？
8. 键盘事件触发的顺序是什么？
9. 什么属性能使节点接收焦点？
10. 手机的导航键能触发 onKeyTyped 事件，正确还是错误？

第 10 章

使用 swing 组件

重要技能与概念：

- 理解 swing 组件
- 在 JavaFX 脚本中添加 swing 组件
- 使用 SwingComboBoxItem 组件

swing 是 Java 开发中的一个常用程序包，而在 JavaFX 开发中也用到它。本章将学习在 JavaFX 应用程序中使用 swing 及其组件的方法。

10.1 swing 的概念

javafx.ext.swing 程序包包含许多的GUI(graphical user interface，图形用户界面)工具，这些工具能为 JavaFX 应用程序创建一个实用的界面。如果希望使用 JavaFX 创建一个更商业化的应用程序，那么就需要了解一下 swing 组件。

有经验的 Java 开发人员应该很熟悉 swing。从 Java 发展的早期开始，Java 开发人员就一直在使用 swing，并将这些 swing 知识移植到 JavaFX swing 开发中。然而，有经验的且以前使用过 swing Java 开发人员会注意到 Java 中的 swing(完整程序包)程序包和 JavaFX 中的 swing 程序包之间是有区别的。

JavaFX 提供的 swing 程序包并不包括 Java 程序包中的全部控件，JavaFX 版的 swing 仅仅是控件的一个子集，它包括下列组件：

- SwingButton
- SwingCheckBox
- SwingComboBox
- SwingComboBoxItem
- SwingIcon
- SwingLabel
- SwingList
- SwingListItem
- SwingRadioButton
- SwingScrollPane
- SwingSlider
- SwingTextField
- SwingToggleButton
- SwingToggleGroup

这里列出的所有 swing 程序包都直接或间接地继承自 Node 类，这就意味着无论何种 JavaFX 节点都可以使用 swing 组件。下一节将学习使用 JavaFX swing 组件向应用程序添加样式和交互的方法。

说明：
因为 JavaFX swing 组件继承自 Node 类，所以第 9 章学习的所有 onMouse*和 onKey*事件都可以使用。

下面看看 JavaFX 中可用的 swing 组件有何不同。

10.2 swing 组件

本节讲解如何通过 javafx.ext.swing 程序包使用这些 swing 组件。它们可以增加应用程序的实用性和交互性。每个人都很熟悉应用程序中按钮、复选框和列表的外观和功能，使用 swing 组件就是在 JavaFX 应用程序中添加这些熟悉的元件。

如果创建商业应用程序比如问卷、查找工具或是输入表单，那么本节讨论的 swing 组件将会很有帮助。

首先创建一个新的空白 JavaFX 脚本，并命名为 Chapter10.fx，脚本内容如下：

提示：

如果是紧接着上一章的例子，那么 NetBeans 设置的运行配置仍然是手机模拟器，运行本章的脚本前要将运行配置文件改成默认配置。

```
/*
 * Chapter10.fx
 *
 * v1.0 - J. F. DiMarzio
 *
 * 6/20/2010 - created
 *
 * Give it some Swing
 *
 */

package com.jfdimarzio.javafxforbeginners;

/**
 * @author JFDiMarzio
 */

// place your code here
```

下面的小节中将向 Chapter10.fx 脚本中添加 4 个不同的 swing 组件，分别是 SwingButton、SwingCheckBox、SwingComboBox 和 SwingComboBoxItem。这 4 个组件最能代表 swing 组件的整体结构，掌握它们的用法将有助于理解全部的组件。

首先从 SwingButton 组件开始介绍。

10.2.1　SwingButton 组件

SwingButton 组件是一个可在脚本中添加的图形按钮。该按钮允许用户通过列出选项并决定行为的方式与应用程序交互。使用过计算机、手机或是其他电子设备的人都熟悉屏幕上按钮的作用，所以在应用程序中添加按钮会使用户感到熟悉并且易于使用。

本例中将创建一个按钮，每单击一次，数值增加，数值最终显示在 Text 节点。

声明一个整型变量 clickValue，将其绑定到 Text 节点，如下所示：

```
/*
 * Chapter10.fx
 *
 * v1.0 - J. F. DiMarzio
```

```
 *
 * 6/20/2010 - created
 *
 * Give it some Swing
 *
 */

package com.jfdimarzio.javafxforbeginners;

import javafx.stage.Stage;
import javafx.scene.Scene;
import javafx.scene.text.Text;
import javafx.scene.text.Font;

/**
 * @author JFDiMarzio
 */

var clickValue : Integer = 0;

Stage {
      title : "UsingSwing"
      onClose: function () { }
      scene: Scene {
            width: 200
            height: 200
            content: [Text {
                              font : Font {
                                   size: 24
                                  }
                              x: 10, y: 50
                              content: bind "Value = {clickValue}"
                              }
                        ]
                  }
}
```

现在编译并运行脚本，可看到如图 10-1 所示的结果。

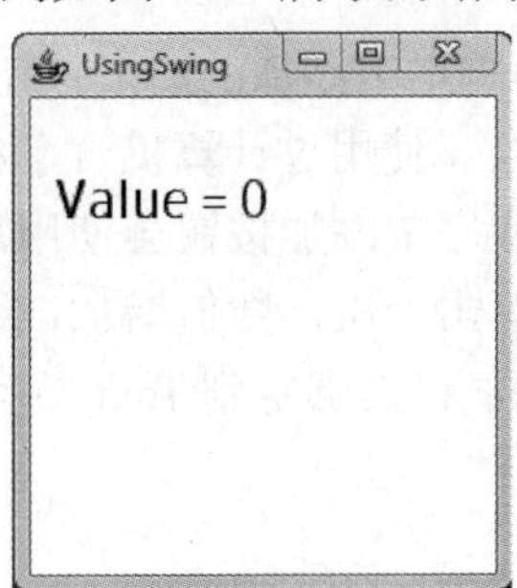

图 10-1　添加 swing 之前的应用程序

提示：

字符串插值是直接为字符串值创建功能的最好方法，JavaFX 的字符串差值操作符是大括号({})，可以将变量和其他功能脚本放置到该操作符内以改变字符串的内容。本例中，将 clickValue 变量插补到字符串中。bind 关键字确保当变量 clickValue 值变化时，字符串也相应地变化。

在脚本中添加 SwingButton 组件之前必须引入 swing 程序包：

```
javafx.ext.swing.SwingButton
```

在 Scene 的 content 属性中添加 SwingButton 组件后，需设置两个属性：text 和 action。text 属性定义了在按钮上显示的文本，按钮的名称应该描述地足够详细以便不知情的用户可明白该按钮的功能。这个描述可能很简单，比如“提交”或“计算”，也可能很复杂，如“检索相关记录”或“处理日程变动”。

```
SwingButton {
              text: "Increment Value"
}
```

action 属性包含了用户单击时按钮需执行函数的所有信息，与继承自 Node 类的 onMouse* 和 onKey*事件相同，action 属性可使用匿名函数将执行动作的代码进行封装，也可在脚本的其他位置创建一个函数，并在 action 属性中调用它。这两种方法都是正确的，其最终结果也是相同的。

本例中，每次单击按钮时，使用匿名函数来增加 clickValue 的值：

```
SwingButton {
             text: "Increment Value"
             action:function ():Void {
                    clickValue ++ ;
                    }
             }
```

提示：

双加运算符++是以 1 为单位增加的变量，它和 clickValue = clickValue + 1 等价。

完成后的脚本代码如下：

```
/*
 * Chapter10.fx
 *
 * v1.0 - J. F. DiMarzio
 *
 * 6/20/2010 - created
 *
 * Give it some Swing
 *
 */
```

```
package com.jfdimarzio.javafxforbeginners;

import javafx.stage.Stage;
import javafx.scene.Scene;
import javafx.ext.swing.SwingButton;
import javafx.scene.text.Text;
import javafx.scene.text.Font;

/**
 * @author JFDiMarzio
 */

var clickValue : Integer = 0;

Stage {
      title : "UsingSwing"
      onClose: function () { }
      scene: Scene {
            width: 200
            height: 200
            content: [SwingButton {
                            text: "Increment Value"
                            action:function ():Void {
                                    clickValue ++ ;
                                  }
                              }
                        Text {
                            font : Font {
                                 size: 24
                              }
                            x: 10, y: 50
                            content: bind "Value = {clickValue}"
                            }
                        ]
                }
}
```

编译并运行脚本，单击按钮后可看到值增加，如图 10-2 所示。

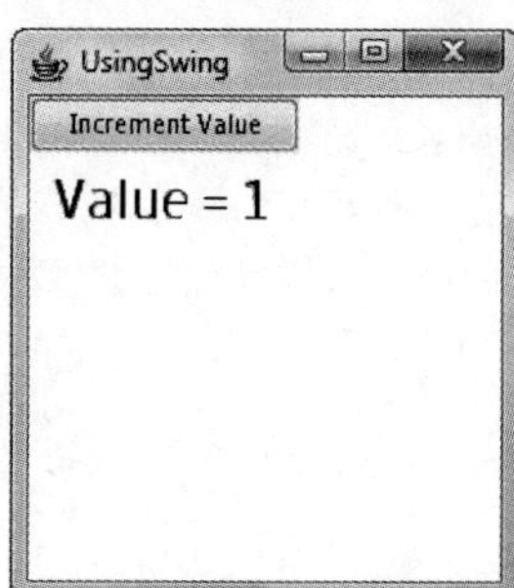

图 10-2　使用 SwingButton 组件增加变量值

说明：

该例子编译时可能会发出警告，警告不会阻止程序运行，在此可以忽略它。

这是一个很基础的例子，它简要解释了如何创建一个能发出动作的矩形按钮，但是如果想做一些稍复杂的事情该怎么办呢？clip 属性是增加 SwingButton 外观风格的一个有用属性。

说明：

clip 属性也是继承自 Node 类，所以任何继承自 Node 类的对象都可使用 clip 属性。

clip 属性的作用是允许为按钮定义一个剪辑区域用于改变按钮的形状。clip 属性接受节点值并用它来改变按钮的形状。因此可以为 SwingButton 的 clip 属性指定一个圆形，结果按钮就变成了圆形按钮。

下面脚本改变了 SwingButton 的 text 属性值，clip 属性被指定为圆形：

```
/*
 * Chapter10.fx
 *
 * v1.0 - J. F. DiMarzio
 *
 * 6/20/2010 - created
 *
 * Give it some Swing
 *
 */

package com.jfdimarzio.javafxforbeginners;

import javafx.stage.Stage;
import javafx.scene.Scene;
import javafx.ext.swing.SwingButton;
import javafx.ext.swing.SwingSlider;
import javafx.scene.text.Text;
import javafx.scene.text.Font;
import javafx.scene.shape.Circle;

/**
 * @author JFDiMarzio
 */
var clickValue : Integer = 0;

Stage {
      title : "UsingSwing"
      onClose: function () { }
      scene: Scene {
            width: 200
            height: 200
```

```
            content: [SwingButton {
                          text: "+"
                          action:function ():Void {
                                 clickValue ++ ;
                                }
                               clip: Circle {
                                centerX: 18, centerY: 12
                                radius: 8
                            }
                            }
                     Text {
                          font : Font {
                              size: 24
                            }
                          x: 10, y: 50
                          content: bind "Value = {clickValue}"
                          }
                     ]
            }
}
```

编译并运行脚本，现在可看到一个圆形的按钮上有个加号，单击将在上次的值上加1，结果如图 10-3 所示。

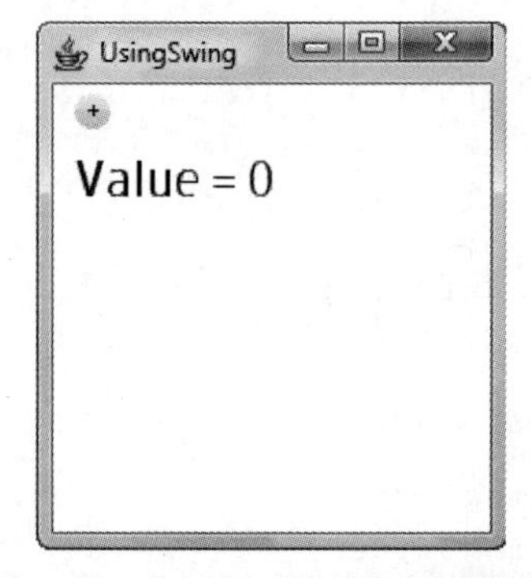

图 10-3　使用 clip 属性的圆形按钮

clip 属性提供了修改控件外观非常实用的方式。注意本例中不仅修改了按钮外观同时也修改了按钮的边界，剪辑区域外的矩形按钮部分将不能再激活。

下面学习 SwingCheckBox 组件。

10.2.2　SwingCheckBox 组件

本节将设置 SwingCheckBox 组件，这个组件的设置过程和前面使用的略有不同。为了介绍节点的不同设置和使用方法，我们将采用一个新的方法来设置 SwingCheckBox 组件。

首先从包含 Stage 对象、Scene 对象和 Text 节点的基本脚本开始，Text 节点用来显示 SwingCheckBox 组件的选中内容，脚本代码如下：

```
/*
 * Chapter10.fx
 *
 * v1.0 - J. F. DiMarzio
 *
 * 6/20/2010 - created
 *
 * Give it some Swing
 *
 */

package com.jfdimarzio.javafxforbeginners;

import javafx.stage.Stage;
import javafx.scene.Scene;
import javafx.scene.text.Text;
import javafx.scene.text.Font;

/**
 * @author JFDiMarzio
 */

Stage {
      title : "UsingSwing"
      onClose: function () { }
      scene: Scene {
             width: 200
             height: 200
             content: [
                          Text {
                              font : Font {
                                    size: 24
                                  }
                              x: 10, y: 50
                              content: bind "Value = {}"
                              }
                          ]
                 }
}
```

接下来要创建一个 SwingCheckBox 型的变量：

```
import javafx.ext.swing.SwingCheckBox;

def sampleCheckBox : SwingCheckBox = SwingCheckBox{
    };
```

将 SwingCheckBox 组件的 text 属性设置为“Click Me”：

```
def sampleCheckBox : SwingCheckBox = SwingCheckBox{
```

```
    text:"Check Me"
    };
```

最后将 Text 节点的 content 属性以字符串插值的形式绑定到 sampleCheckBox 的 selected 属性上：

```
Text {
        font : Font {
        size: 24
              }
        x: 10, y: 50
        content: bind "Value = {sampleCheckBox.selected}"
        }
```

以上脚本将创建一个复选框，而这个复选框的 selected 属性是个 Boolean 值，表示该复选框是否被选中。因为将 selected 属性值绑定到了 Text 节点的 content 属性，那么选择和取消选择该复选框时将看到 True 或 False 字样显示。完成后的脚本说明了在何处添加 sampleCheckBox 对象并将其显示在屏幕上，如下所示：

```
/*
 * Chapter10.fx
 *
 * v1.0 - J. F. DiMarzio
 *
 * 6/20/2010 - created
 *
 * Give it some Swing
 *
 */

package com.jfdimarzio.javafxforbeginners;

import javafx.stage.Stage;
import javafx.scene.Scene;
import javafx.scene.text.Text;

import javafx.scene.text.Font;
import javafx.ext.swing.SwingCheckBox;

/**
 * @author JFDiMarzio
 */
def sampleCheckBox : SwingCheckBox = SwingCheckBox{
    text:"Check Me"
    };

Stage {
      title : "UsingSwing"
      onClose: function () { }
```

```
        scene: Scene {
              width: 200
              height: 200
              content: [sampleCheckBox,
                          Text {
                              font : Font {
                                   size: 24
                                  }
                              x: 10, y: 50
                              content: bind "Value = {sampleCheckBox.selected}"
                              }
                          ]
                 }
}
```

编译并运行脚本，图 10-4 和图 10-5 分别显示了取消选择和选择的状态。

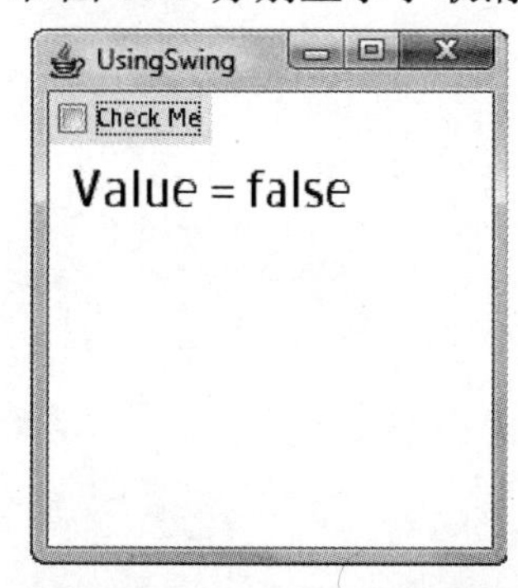

图 10-4　取消选择 SwingCheckBox 组件的状态

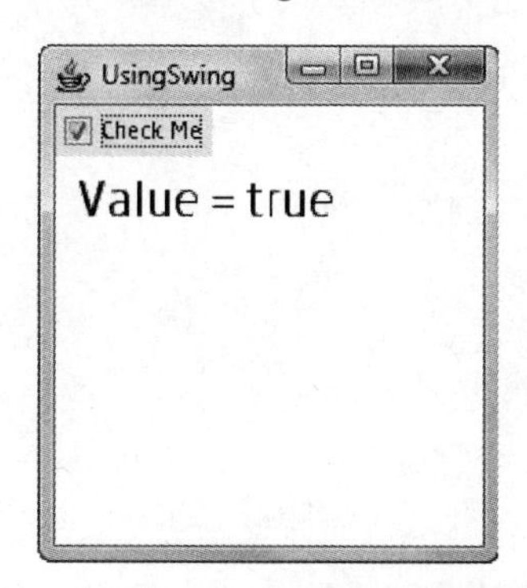

图 10-5　选择 SwingCheckBox 组件的状态

下面将学习 SwingComboBox 组件和 SwingComboBoxItem 组件。

10.2.3　SwingComboBox 组件与 SwingComboBoxItem 组件

SwingComboBox 组件允许开发人员为用户提供选择并对这些选择作出响应。大多数用户都非常熟悉组合框式控件的功能和外观。当用户面对一个具有很多选项的选择时，通常情况下使用组合框来完成。

使用swing组件创建组合框式控件时，要用到两种swing控件：一个是SwingComboBox组件，另一个是一个或多个SwingComboBoxItem组件。组合使用这两种组件可创建出组合框功能。

下面创建一个SwingComboBox组件，这个组件使用备选项来填充Text节点。

创建一个空脚本文件，包含一个Text节点，代码如下：

```
/*
 * Chapter10.fx
 *
 * v1.0 - J. F. DiMarzio
 *
 * 6/20/2010 - created
 *
 * Give it some Swing
 *
 */

package com.jfdimarzio.javafxforbeginners;

import javafx.stage.Stage;
import javafx.scene.Scene;
import javafx.scene.text.Text;
import javafx.scene.text.Font;
/**
 * @author JFDiMarzio
 */

Stage {
      title : "UsingSwing"
      onClose: function () { }
      scene: Scene {
            width: 200
            height: 200
            content: [
                        Text {
                            font : Font {
                                size: 24
                               }
                            x: 10, y: 50
                            content: bind "Value = { }"
                            }
                        ]
                  }
}
```

再次注意Text节点的content属性设定为插值，它将绑定组合框选中所选项目的文本。

下面在该脚本中创建一个组合框，其中有三个选项：第一是空白(默认值)，第二是

“Item A”，最后一个是“Item B”。首先要创建一个 SwingComboBox 型变量，如下所示：

```
import javafx.ext.swing.SwingComboBox;

var sampleSwingComboBox : SwingComboBox = SwingComboBox {
}
```

变量sampleSwingComboBox现在仅是一个组合框的壳，没有具体的SwingComboBoxItems组件它什么也做不了。SwingComboBox 组件的 items 属性将保留所有的 SwingComboBoxItems 组件。

创建一个 SwingComboBoxItem 组件，如下所示：

说明：

请记住，import 语句代码可按自己的惯例显示。但是脚本中，所有的 import 语句应该集中出现，完整的脚本文件说明了这样做是正确的。

```
import javafx.ext.swing.SwingComboBoxItem;

SwingComboBoxItem {
      text: "Item A"
}
```

非常简单，对不对？现在创建 3 个 SwingComboBoxItems 组件，并把它们都指定给 SwingComboBox 组件的 items 属性：

```
var sampleSwingComboBox : SwingComboBox = SwingComboBox {
                                items: [
                                   SwingComboBoxItem {
                                      text: ""
                                      selected: true
                                   }
                                   SwingComboBoxItem {
                                      text: "Item A"
                                   }
                                   SwingComboBoxItem {
                                      text: "Item B"
                                   }
                                 ]
                                }
```

说明：

代码示例中的一个选项有个 selected 属性，其值设定为 true。这个属性告诉 JavaFX 该项是默认选项，应该显示为选中状态。

最后，要找到一个方法将组合框选中的选项文本指定给 Text 节点 content 属性。幸运的是 SwingComboBox 组件有个属性叫做 selectedItem，该属性包含了选中的 SwingComboBoxItem 组件，所以为 selectedItem.text 设置插值。完成后的脚本如下所示，它显示了在 Scene 对象的 content 属性中添加 ComboBox 组件的位置：

```
/*
 * Chapter10.fx
 *
 * v1.0 - J. F. DiMarzio
 *
 * 6/20/2010 - created
 *
 * Give it some Swing
 *
 */

package com.jfdimarzio.javafxforbeginners;

import javafx.stage.Stage;
import javafx.scene.Scene;
import javafx.scene.text.Text;
import javafx.scene.text.Font;
import javafx.ext.swing.SwingComboBox;
import javafx.ext.swing.SwingComboBoxItem;

/**
 * @author JFDiMarzio
 */

var sampleSwingComboBox : SwingComboBox = SwingComboBox {
                            items: [
                               SwingComboBoxItem {
                                   text: ""
                                   selected: true
                               }
                               SwingComboBoxItem {
                                   text: "Item A"
                               }
                               SwingComboBoxItem {
                                   text: "Item B"
                               }
                             ]
                           }
Stage {
      title : "UsingSwing"
      onClose: function () { }
      scene: Scene {
            width: 200
            height: 200
            content: [sampleSwingComboBox,
                        Text {
                            font : Font {
```

```
                                        size: 24
                                    }
                                x: 10, y: 50
                                content: bind "Value =
{sampleSwingComboBox.selectedItem.text}"
                                        }
                        ]
                }
}
```

图 10-6 和图 10-7 分别显示了 SwingComboBox 的打开和关闭状态。

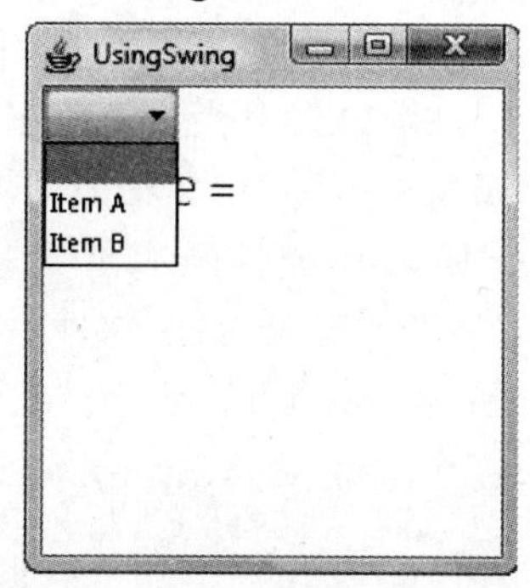

图 10-6　打开的 SwingComboBox 组件

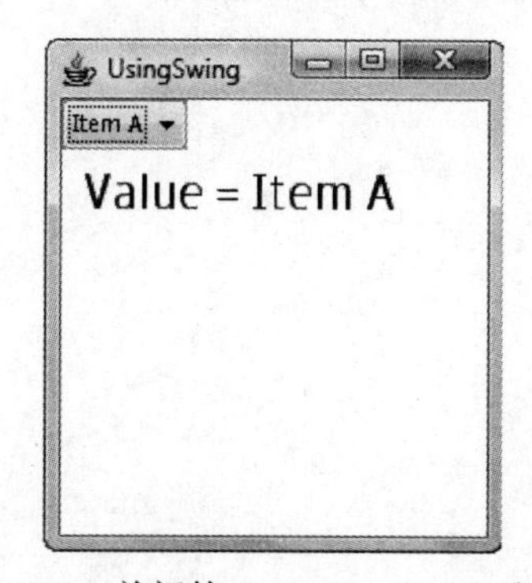

图 10-7　关闭的 SwingComboBox 组件

我们花些时间来进一步探讨这些 swing 组件的不同属性。swing 组件可以提高 JavaFX 应用程序的灵活性和可用性。

试一试　　使用 swing 组件创建一个应用程序

swing 是一个很常见的 Java 元素类型，即便从 JavaFX 移植到其他基于 Java 的开发平台也有机会用到它。对 swing 了解得越多，使用它也就越顺手，开发的应用程序也就越好。

创建一个新项目，添加一个新的 Scene 对象，仅使用 swing 节点来创建一个自己的应用程序。在 Scene 对象中添加一个 TextBox 组件和一个 Button 组件，将这些节点置于

Scene 对象中最合理的位置。为了增加挑战性，可为 Button 组件编写一些后台代码，以便单击它时 TextBox 节点能填充文本“You clicked my button”。

10.3 自测题

1. 哪个程序包里有 JavaFX 的 swing 组件？
2. JavaFX 的 swing 程序包里包含了所有 Java 可用的 swing 组件，正确还是错误？
3. swing 组件可以使用 onMouse*和 onKey*事件吗？
4. JavaFX 的字符串插值运算符是什么？
5. SwingButton 组件的哪个属性能够持有当单击按钮时将执行的匿名函数？
6. SwingButton 组件的哪个属性可用于改变按钮的形状？
7. SwingCheckBox 组件的 isChecked 属性表示选项是否被选中，正确还是错误？
8. 哪个 swing 组件用于填充 SwingComboBox 组件？
9. 如何将一个 SwingComboBoxItem 组件设定为默认选项？
10. SwingComboBox 组件中哪个属性表示 SwingComboBoxItem 组件被选中？

第 11 章

自定义和重写节点

重要技能与概念：

- 节点的实现
- 创建一个自定义节点
- 重写默认的节点属性

JavaFX 拥有许多优秀的工具，例如前面已经学习过 shapes 工具、effects 工具和 swing 组件等。假如你对 JavaFX 中的节点都不是那么满意，那么 JavaFX 提供了其他方式来满足你的需要(总是可以找到一个所需要的节点)，就是通过重写一个已有的节点或完全创建一个新节点的方法来实现，本章将学习这两种方法。

首先讨论对已有的节点进行重写。

11.1 重写节点

在学习重写节点之前，需要回答一个重要的问题即什么是重写?

类包含方法和属性，比如 Node 类和 SwingComboBox 类，开发人员可以使用这些方法和属性，并且根据自己的需求改变它们的默认动作。例如，有一个 Dog 类，这个类有一个称为 displayBreed()的方法，如下所示：

```
public class Dog{
 public function displayBreed(){
      println("Chihuahua");
 }
}
```

可以扩展这个类，并重写 displayBreed()方法来说明事情发生了变化，如下：

```
public class MyDog extends Dog{
 override function displayBreed(){
      println("Elkhound");
 }
}
public class YourDog extends Dog{
}
```

在这个例子中，调用 Dog.getBreed()方法将打印一行“Chihuahua”，调用 YourDog.getBreed()方法也将打印一行“Chihuahua”。然而，由于 MyDog 类重写了 getBreed()方法，所以调用 MyDog.getBreed()时将打印“Elkhound”。

使用重写可以创建具有新的或扩展功能的节点。接下来的部分将使用重写来创建一个新的 SwingButton 组件。在练习之前，先写两个新的空 JavaFX 脚本，第一个文件命名为 Chapter11.fx，如下所示：

```
/*
 * Chapter11.fx
 *
 * v1.0 - J. F. DiMarzio
 *
 * 6/23/2010 - created
 *
 * Custom Nodes and Overriding
 *
 */

package com.jfdimarzio.javafxforbeginners;

/**
```

```
 * @author JFDiMarzio
 */
```

第二个文件命名为 RoundButton.fx，如下所示：

提示：

确保这两个文件在同一个程序包中非常重要，这样可使在 Chapter11.fx 文件中使用 Roundbutton.fx 变得比较容易。

```
/*
 * RoundButton.fx
 *
 * v1.0 - J. F. DiMarzio
 *
 * 6/23/2010 - created
 *
 * A Round Button using a SwingButton
 *
 */

package com.jfdimarzio.javafxforbeginners;

/**
 * @author JFDiMarzio
 */
```

在随后的内容中将用到这两个文件。

11.2　创建一个 RoundButton 节点

本节将创建一个RoundButton节点，它是SwingButton的扩展，并通过重写SwingButton来创建一个圆形按钮。这个圆形按钮有两种“模式”，一种是按钮的文本为加号(+)，另一种是按钮文本为减号(−)。

首先，打开先前创建的 RoundButton.fx 文件创建 RoundButton 节点，如下所示：

```
public class RoundButton extends javafx.ext.swing.SwingButton{

}
```

到此为止，生成的 RoundButton 节点已拥有 SwingButton 的全部功能，在脚本中使用这个按钮和使用 SwingButton 一样。

这个按钮的代码很少，是由于把 SwingButton 的功能扩展到了 RoundButton 中，SwingButton 的所有方法和属性都是 RoundButton 的一部分。目前，这个圆形按钮看起来就像一个 SwingButton 按钮。

在本例中要创建的是一个圆形按钮，因此需要在 RoundButton 类中编写代码使这个按钮变成圆形。在第 10 章中，使用 clip(剪辑)属性将按钮变成圆形，这里可以通过在 RoundButton 中重写 SwingButton 的 clip 属性这一同样的技术把按钮变成圆形。代码如下：

```
javafx.scene.shape.Circle;

   override var clip = Circle {
      centerX: 18,
      centerY: 12
      radius: 8
      };
```

此代码的作用和它在第 10 章的功能相同，这里依然可以使用圆形作为剪辑工具来剪辑这个按钮，不同之处是这里通过重写剪辑属性把按钮变成圆形，这样以后在脚本中使用这个按钮时不用写代码，无论使用这个按钮多少次或是把它放到任何地方，它总是圆的。

接下来，将创建一个名为 buttonType 的新属性，这个属性只出现在 RoundButton 中。这个新属性的目的是可让用户选择按钮上的文本是“+”还是“-”。当 buttonType 属性的值为 1 时，按钮上的文本为“+”，而 buttonType 属性值为 0 时，按钮上的文本为“-”。

定义一个名为 type 的变量，当用户设定 buttonType 值时，这个变量用来保存其文本值：

```
var type:String = '-';
```

buttonType 属性调用 type 变量，并给它赋值：

```
public var buttonType:Number on replace{
        if (buttonType == 1){
           type = '+';
        }else{
           type = '-';
        }
};
```

让我们来仔细研究这段代码。它定义了一个新的公共变量 buttonType，由于用户将给这个属性赋值为 1 或 0，所以这个变量的类型应为数值型。尽管它也可以定义为布尔型，但是这个声明在这里是没有意义的。如果变量的名为 ButtonTypePlusSign，那么将它定义成布尔型将更有帮助，所以在这里 buttonType 应为数值型变量。

当用户给 buttonType 赋值时，变量 Type 的值或者为“+”或者为“-”。尽管默认情况下一个变量不能执行代码(变量只能存储值，不能执行代码)，但是当变量给赋值时，可以通过使用“on replace”触发器强制变量执行代码。

说明：

“on replace”触发器的代码块在设置好相关属性的值后会被执行。

在这个代码块中，用到了一个 if...else 语句，该语句用来检查表达式的计算结果是真还是假。如果计算结果为真，将执行一段代码；如果为假，则将执行另一段不同代码。

在这个例子中，用 if 语句来检查 buttonType 的值。如果 buttonType 值等于 1，则表达式的结果为真，变量 type 值为“+”；如果 buttonType 值等于 0，则表达式结果为假，变量 type 的值为“-”。

创建 RoundButton 类的最后一步是设置 text 属性，简单重写 text 属性并把它和变量 type 绑定，这样可确保 buttonType 值改变时，文本属性也相应地变化。当 buttonType 值等于 1 时，按钮的文本将自动设置成“+”；当 buttonType 的值等于 0 时，按钮的文本自动设成“-”。

最终的脚本如下：

```
/*
 * RoundButton.fx
 *
 * v1.0 - J. F. DiMarzio
 *
 * 6/23/2010 - created
 *
 * A Round Button using a SwingButton
 *
 */

package com.jfdimarzio.javafxforbeginners;

import javafx.scene.shape.Circle;

/**
 * @author JFDiMarzio
 */

public class RoundButton extends javafx.ext.swing.SwingButton{
    var type:String = '-';

   override var clip = Circle {
       centerX: 18,
       centerY: 12
       radius: 8
      };

   public var buttonType:Number on replace{
          if (buttonType == 1){
              type = '+';
          }else{
              type = '-';
          }
```

```
    };

   override var text = bind type;
}
```

与本书前面的例子不同，这个脚本不能编译和运行，只能是从其他脚本中调用这个类，这就是在本章开始处创建两个空脚本的原因。让我们在第二个文件 Chapter11.fx 中添加一些代码来调用新生成的 RoundButton 类。

在 Chapterll.fx 脚本文件中创建一个 Stage 对象和 Scene 对象，如下：

```
import javafx.stage.Stage;
import javafx.scene.Scene;

Stage {
      title : "Override Node"
      onClose: function () { }
      scene: Scene {
            width: 200
            height: 200
            content: [ ]
      }
}
```

现在能做的就是从 Scene 对象中调用 RoundButton 类，非常简单，就像调用其他节点一样。在这个例子中，调用 RoundButton 类并把 buttonType 值设置为 1：

```
RoundButton{
                  buttonType:1;
                  layoutX:0
                  layoutY:0
            }
```

这样生成的圆形按钮上的文本为“+”，整个脚本如下：

```
/*
 * Chapter11.fx
 *
 * v1.0 - J. F. DiMarzio
 *
 * 6/23/2010 - created
 *
 * Custom Nodes and Overriding
 *
 */

package com.jfdimarzio.javafxforbeginners;
import javafx.stage.Stage;
import javafx.scene.Scene;
```

```
/**
 * @author JFDiMarzio
 */
Stage {
      title : "Override Node"
      onClose: function () { }
      scene: Scene {
            width: 200
            height: 200
            content: [RoundButton{
                    buttonType:1;
                    layoutX:0
                    layoutY:0
                }
                ]
      }
}
```

说明：

有些节点包括这个 RoundButton 类在 Mac 和 PC 上呈现的结果是不同的，所以把你的结果与本章图片上的结果对比时，需要考虑到这一点。

编译运行这个脚本，将看到一个如图 11-1 所示的圆形按钮。

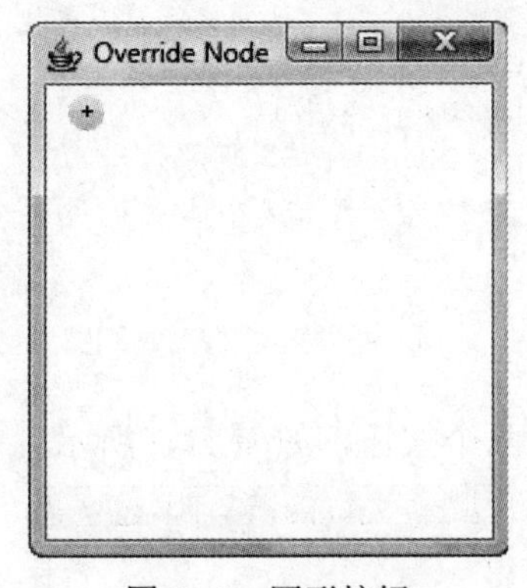

图 11-1　圆形按钮

看到了重写一个已有的节点来创建自己节点的优势，那么来增加第二个按钮，把 buttonType 值设为 0，代码如下所示：

```
/*
 * Chapter11.fx
 *
 * v1.0 - J. F. DiMarzio
 *
 * 6/23/2010 - created
 *
```

```
 * Custom Nodes and Overriding
 *
 */

package com.jfdimarzio.javafxforbeginners;

import javafx.stage.Stage;
import javafx.scene.Scene;

/**
 * @author JFDiMarzio
 */
Stage {
     title : "Override Node"
     onClose: function () { }
     scene: Scene {
          width: 200
          height: 200
          content: [RoundButton{
                    buttonType:1;
                    layoutX:0
                    layoutY:0
                 }
                 RoundButton{
                    buttonType:0;
                    layoutX:0;
                    layoutY:20;
                 }
                 ]
       }
}
```

编译运行这个脚本可生成两个按钮，如图 11-2 所示。

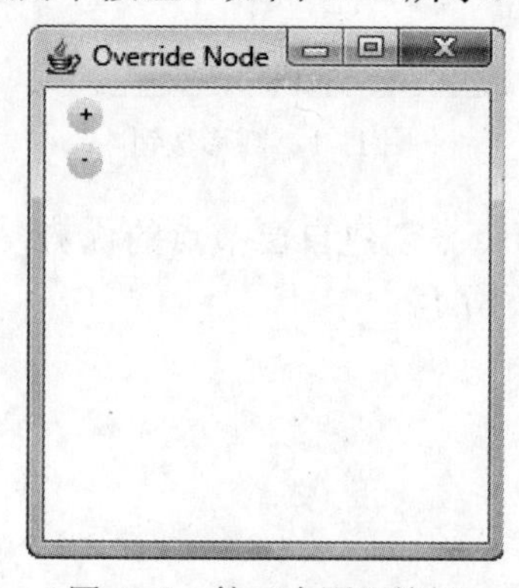

图 11-2　第二个圆形按钮

现在很容易就可以增加节点的多个实例。如果要为一个节点增加多个实例，那么最好使用这种技术。

但是，如果要增加的节点不是 JavaFX 提供的怎么办？这就需要创建自定义节点。

11.3 创建自定义节点

如果没有所需要的节点该怎么办？也就是说，如果使用一个节点会使在应用程序中做一些事情变得容易，但很遗憾 JavaFX 不提供这样的节点。这是非常现实的一种情况，在任何程序设计语言课程中都可能会遇到这种事情，包括 JavaFX。

当出现这种情况时，最好的方法是创建自定义节点。JavaFX 提供了简单的方法来创建那些不存在的节点。可以创建一个所需要的节点，并完全控制这个新节点，包括它要完成的工作、外观以及用法。

在上一节中，通过对 SwingButton 扩展创建了一个类，因此这个新类就继承了 SwingButton 类的所有属性和方法。而现在要创建的节点不仅仅是一个按钮，所以要创建一个扩展于 CustomNode 的类，CustomNode 类提供一个空白的节点用于构建新类。

本节将创建一个新的自定义节点用来做笔记。这个节点将有一个用来输入笔记的文本框、一个用来添加笔记的圆形按钮和一个用来显示笔记的文本区域。

开始之前，先创建一个新的空 JavaFX 脚本，如下所示：

```
/*
 * Notes.fx
 *
 * v1.0 - J. F. DiMarzio
 *
 * 6/23/2010 - created
 *
 * A Custom Node that uses RoundButton
 * - SwingTextField, and Text
 *
 */

package com.jfdimarzio.javafxforbeginners;

/**
 * @author JFDiMarzio
 */
public class Notes extends CustomNode{

}
```

注意 Notes 类扩展于 CustomNode 类，而 CustomNode 提供的是一个空白节点。要生成一个做笔记的节点，需要向 Notes 类中添加下面列表中的内容：

- 一个变量，用来存储笔记文本
- 一个 SwingTextField 控件，用来输入笔记文本
- 一个 RoundButton 控件，用来添加笔记

- 一个 Text 节点，用来显示所有添加的笔记

列表中的第一项是创建一个保存笔记文本的变量，这个变量将值传递给 Text 节点，使其能显示所添加的笔记。下面创建这个 notetext 变量：

```
public class Notes extends CustomNode{
    var notetext: String;
}
```

现在，创建一个 SwingTextField 控件，用来输入笔记文本:

```
javafx.scene.CustomNode;

public class Notes extends CustomNode{
    var notetext: String;
    var newNote : SwingTextField = SwingTextField {
      columns: 10
      text: "Add new note"
      editable: true
        }
}
```

到目前为止所做的事情非常简单，但是现在需要做一些以前没讲过的工作。怎样显示 SwingTextField 控件呢？CustomNode 没有用一种与过去相同的方式来使用 Scene 对象和 Stage 对象，而是在脚本中创建和使用节点。

所有节点都有一个 create 方法。当调用(或创建)节点时，create 方法返回一个节点或一组节点。例如，如果在一个 Scene 对象中使用一个 Text 节点，那么 Scene 对象就会调用这个节点的 create 方法，这个方法会完成创建 Text 节点所需的全部工作，并返回已创建好的 Text 节点到 Scene 对象。

因此，为了创建自己的 Notes 节点，需要重写 CustomNode 的 create 方法，并返回一组新节点：

```
javafx.ext.swing.SwingTextField;

public class Notes extends CustomNode{
    var notetext: String;
    var newNote : SwingTextField = SwingTextField {
      columns: 10
      text: "Add new note"
      editable: true
        }
    override function create():Node{
}
}
```

说明：

这个 create()方法的类型是 Node，也就是说它返回的结果是一个节点。

由于要显示多个节点到屏幕上，所以通过 create 函数要返回一组节点，这组节点实际上是三个不同的节点。现在来构建这个 create 方法。

create 方法需要生成 3 个节点，并为 RoundButton 添加笔记提供动作，这是一个相当简单的过程。首先创建 Node 组：

```
javafx.scene.Group;

    override function create():Node{
        return Group{
            content:[
            ]
        }
    }
```

注意这个组包含一个 content 属性，所有要返回的节点都将包含在这个属性里。接下来添加 newNode SwingTextField：

```
override function create():Node{
    return Group{
        content:[
            newNote,
        ]
    }
}
```

现在，创建一个 RoundButton 控件，与本章前面创建的 RoundButton 控件一样。由于这个按钮用来添加笔记，所以将 buttonType 的值设为 1，按钮的文本也就为“+”。此外，需要为按钮的动作创建一个匿名函数，其用途是获取 SwingTextField 控件中的文本内容，并把内容添加到正在显示的变量 notetext 中：

```
override function create():Node{
    return Group{
        content:[
            newNote,
            RoundButton{
                layoutX: 150;
                layoutY: 0;
                buttonType:1;
                action: function(){
                   notetext = "{notetext} \n {newNote.text}";
                }
            }
    ]
  }
}
```

这里所看到的 RoundButton 与已实现的 RoundButton 控件之间的唯一区别是增加了动作匿名函数，这个函数将 notetext 变量值设置为 notetext 的当前内容加上一个换行符(\n)

和 newNote 文本域的当前文本。每条笔记显示在新的一行上，如下所示：

```
Note #1
Note #2
Note #3
```

现在，必须创建一个新 Text 节点来显示 notetext 变量值。简单创建一个 Text 节点，它的 content 属性与变量 notetext 绑定：

```
Text{
        x: 0;
        y: 35;
        content: bind notetext;
}
```

绑定 Text 节点的内容将确保当 RoundButton 按钮更新变量 notetext 时，最新内容将直接显示给 Text 节点。所以，无需太多工作就已经创建一个新的用来接收和显示笔记的节点。文件 Notes.fx 全部脚本如下所示：

```
/*
 * Notes.fx
 *
 * v1.0 - J. F. DiMarzio
 *
 * 6/23/2010 - created
 *
 * A Custom Node that uses RoundButton
 * - SwingTextField, and Text
 *
 */

package com.jfdimarzio.javafxforbeginners;

import javafx.scene.CustomNode;
import javafx.scene.text.Text;
import javafx.scene.Node;
import javafx.scene.Group;
import javafx.ext.swing.SwingTextField;

/**
 * @author JFDiMarzio
 */

public class Notes extends CustomNode{
    var notetext: String;
    var newNote : SwingTextField = SwingTextField {
      columns: 10
      text: "Add new note"
      editable: true
        }
```

```
    override function create():Node{
        return Group{
            content:[
                newNote,
                RoundButton{
                    layoutX: 150;
                    layoutY: 0;
                    buttonType:1;
                    action: function(){
                       notetext = "{notetext} \n {newNote.text}";
                    }
                }
                Text{
                    x: 0;
                    y: 35;
                    content: bind notetext;
                }
            ]
        }
    }
}
```

编写完 Notes.fx 文件之后，就可以开始使用它。编辑前面用到的 Chapter11.fx 文件来显示 Notes 类，而不是显示 RoundButton 类。修改后的 Chapter11.fx 脚本如下所示：

```
/*
 * Chapter11.fx
 *
 * v1.0 - J. F. DiMarzio
 *
 * 6/23/2010 - created
 *
 * Custom Nodes and Overriding
 *
 */

package com.jfdimarzio.javafxforbeginners;

import javafx.stage.Stage;
import javafx.scene.Scene;


/**
 * @author JFDiMarzio
 */

Stage {
      title: "Override Node"
```

```
        onClose: function () {
        }
        scene: Scene {
            width: 200
            height: 200
            content: [Notes {
                }
            ]
    }
}
```

编译并运行这个脚本将看到自定义节点，如图 11-3 所示。

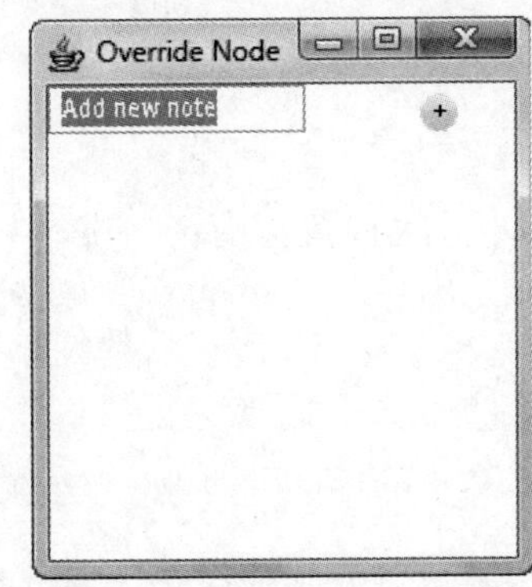

图 11-3　自定义 Notes 节点

```
/*
 * Chapter11.fx
 *
 * v1.0 - J. F. DiMarzio
 *
 * 6/23/2010 - created
 *
 * Custom Nodes and Overriding
 *
 */
package com.jfdimarzio.javafxforbeginners;

import javafx.stage.Stage;
import javafx.scene.Scene;

/**
 * @author JFDiMarzio
 */
Stage {
     title: "Override Node"
     onClose: function () {
     }
     scene: Scene {
         width: 200
```

```
        height: 200
        content: [Notes {
            }
        ]
    }
}
```

这个自定义节点设置了一个用来输入笔记的文本域和一个用来增加笔记的按钮。输入笔记之后，单击“+”号按钮，笔记会被添加到文本域中，如图 11-4 所示。

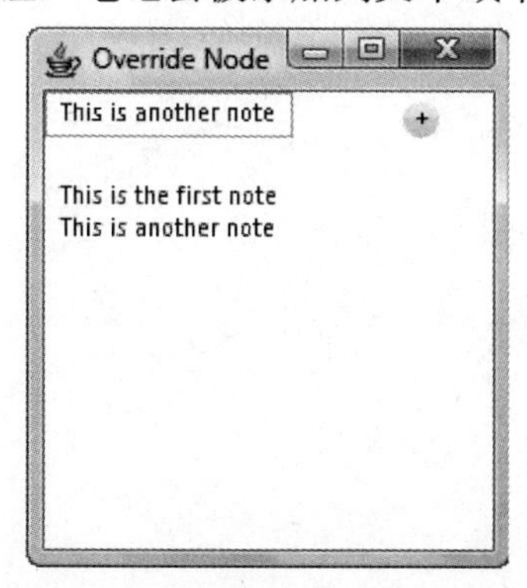

图 11-4　有笔记输入的 Notes 节点

试一试　**创建自己的节点形状**

在本章中，使用遮罩来创建一个圆形按钮，这里增加一个新的挑战，试着用这个练习来扩展自己的知识。用本章学到的技巧创建一个新的项目，并且使不同节点具有不同的形状。这个练习包括三角形按钮、圆角文本框和其他非传统形状。随后，模仿 RoundButton 例子来创建这个新形状的一个自定义节点，并在 Scene 对象中使用它。

下一章将学习在脚本中嵌入音乐和视频的方法。

11.4　测试题

1. 怎样从一个类中得到其方法和属性并改变它们的默认动作和行为？
2. 当创建一个类时，使用什么关键字可使这个类继承另一个类的方法和属性？
3. 下面的例子中，对 YourDog.displayBreed 的调用将打印输出什么？

```
public class MyDog extends Dog{
override function displayBreed(){
println("Elkhound");
}
}
public class YourDog extends Dog{
}
```

4. 确保文件全部在同一程序包中会使对它们的引用更容易些，正确还是错误？
5. 当一个类继承自另一个类时，仅重写的属性是可用的，正确还是错误？
6. 当一个属性改变时，什么触发器将执行？
7. 什么语句将判断一个表达式为真还是假，然后执行相应的代码？
8. 必须从脚本中调用自定义节点，正确还是错误？
9. 创建自定义节点要继承哪个节点？
10. 重写 CustomNode 类的什么方法能将节点返回到主调脚本中？

第 12 章

嵌入音乐与视频

重要技能与概念：

- 在应用程序中添加视频
- 逆向绑定
- 使用 MediaPlayer

随着大量围绕流媒体构建的业务和网站的出现，JavaFX 也自然而然地允许用户充分利用视频和音频多媒体。在过去，编写一个能播放任何媒体类型的应用程序意味着要花费大量时间来写控件、为播放的文件寻找合适的解码器并且编写解析器来读取媒体文件。这是一项费时的、艰巨的工作，如果程序员对自己的能力非常自信，那么可以尝试一下。

JavaFX 打包了几个节点，这些节点使得对多媒体文件的处理变得尽量容易。本章将学习 MediaView 和 MediaPlayer 节点，使用这些节点编写的应用程序可以播放视频、音频并允许用户对选定播放的多媒体实现一定的控制。

在第一节将学习使用 MediaView 和 MediaPlayer 节点播放视频文件的方法。不过学习之前，需要创建一个新的空 JavaFX 脚本，脚本如下所示：

```
/*
 * Chapter12.fx
 *
 * v1.0 - J. F. DiMarzio
 *
 * 6/25/2010 - created
 *
 * Embedded Video and Music
 *
 */
package com.jfdimarzio.Javafxforbeginners;

/**
 * @author JFDiMarzio
 */
```

我们还需创建第二个空的 JavaFX 脚本，它将包括一个用来播放多媒体文件的自定义节点。本章所有练习都将加入这个文件，将其命名为 MyMediaPlayer.fx，并按如下步骤设置：

```
/*
 * MyMediaPlayer.fx
 *
 * v1.0 - J. F. DiMarzio
 *
 * 6/25/2010 - created
 *
 * Embedded Video and Music
 *
 */

package com.jfdimarzio.javafxforbeginners;


/**
 * @author JFDiMarzio
 */
```

随后的内容将会看到，向应用程序中添加视频文件和音频文件是非常简单的。

12.1　播放视频

JavaFX 使用 MediaView 节点来播放视频，但是 MeidaView 节点仅是 MediaPlayer 节点的一个容器，MediaPlayer 才是播放视频的节点。

在本节中将使用一个 MediaView 节点和一个 MediaPlayer 节点在应用程序中播放一些视频样例。人们会惊讶于在 JavaFX 脚本中播放一个视频是何等简单。

提示：

本部分使用的样本视频可以从 http://www.microsoft.com/windows/windowsmedia/musicandvideo/hdvideo/contentshowcase.aspx 上下载。

首先创建一个 MediaPlayer 节点，这个节点创建之后，将被添加到本章脚本的 MediaView 节点中。

打开 MyMediaPlayer.fx 脚本文件。用来播放多媒体文件的节点都位于引入的 javafx.scene.media 程序包中。JavaFX 对所有的东西逻辑上都有一个命名，并且将全部相关的类都放在通用程序包中，这一点真的非常好，javafx.scene.media 程序包也不例外。

在 MyMediaPlayer 文件中引入下面的程序包：

```
import javafX.scene.media.MediaPlayer;
```

现在，建立一个新的扩展 MediaPlayer 的 MyMediaPlayer 类：

```
public class MyMediaPlayer extends MediaPlayer {
}
```

那么，为什么要通过额外的步骤来为 MediaPlayer 节点创建一个自定义节点呢？虽然仅仅直接添加 MediaPlayer 节点到 MediaView 中并使用它是可行的，但是使用自定义的 MediaPlayer 节点更简单。随着本章学习的不断深入，我们将向 MyMediaPlayer 节点添加功能来扩展 MediaPlayer 节点的可用性。

现在通过重写 MediaPlayer 节点的两个属性来说明加载并播放一个视频文件是如何简单。一旦播放文件被加载，autoPlay 属性就立即告诉 MediaPlayer 节点开始播放该文件，下面代码重写了 autoPlay 属性，并将其值设置为真：

```
public class MyMediaPlayer extends MediaPlayer {
    override var autoPlay = true;
}
```

第二个要重写的是 media 属性，它是一个 Media 节点，代表使用 MediaPlayer 节点实际要播放的多媒体文件，本例中将使用 media 属性来硬编码一个示例视频文件，这样可以减少工作量，而不用不断地指定该属性。

专家释疑

问：MediaPlayer 节点能播放什么类型的文件？

答：简单地说，如果文件可以使用 QuickTime 软件或 Windows Media Player 软件播放，那么它就可以使用 MediaPlayer 节点来播放，其特别支持的格式包括 MP3、MP4、WMV、FLV、3GP 和 MOV。

引入下面的语句来建立一个 Media 节点：

```
import javafx.scene.media.Media;
```

下面代码重写了 MediaPlayer 节点的 media 属性：

```
public class MyMediaPlayer extends MediaPlayer {
    override var autoPlay = true;
    override var media = Media {
        source: " file:///C:/wmdownloads/Robotica_720.wmv"
    }
}
```

在本例中，创建的自定义节点 MediaPlayer 总是播放本地驱动器中 wmdownloads 文件夹内的 Robotica_720.wmv 文件。完整的脚本如下所示：

```
/*
 * MyMediaPlayer.fx
 *
 * v1.0 - J. F. DiMarzio
 *
 * 6/25/2010 - created
 *
 * Embedded Video and Music
 *
 */

package com.jfdimarzio.javafxforbeginners;

import javafx.scene.media.MediaPlayer;
import javafx.scene.media.Media;

/**
 * @author JFDiMarzio
 */

public class MyMediaPlayer extends MediaPlayer {
    override var autoPlay = true;
    override var media = Media {
        source: "C:/wmdownloads/Robotica_720.wmv"
    }
}
```

现在可以使用 MyMediaPlayer 节点了，就像使用标准的 MediaPlayer 节点一样。接下来向 Chapter12.fx 脚本中添加一个 MediaView 节点，并把 MyMediaPlayer 指定给它，由于还未向 Chapter12.fx 脚本中添加任何代码，因此需要先为 MediaView 节点引入正确的程序包，如下所示：

```
import javafx.scene.media.MediaView;

var myMediaPlayer : MyMediaPlayer = MyMediaPlayer {
}
```

现在 MediaView 节点中唯一需要立即设置的属性是 mediaPlayer 属性，mediaPlayer 属性会持有你的 MediaPlayer 节点。正如前面所学的，MediaPlayer 节点是用来播放多媒体文件的。现在，已经在自定义的 Mediaplayer 创建了一个名为 myMediaPlayer 的变量，该变量被指派给 MediaView 节点的 mediaPlayer 属性，代码如下：

```
MediaView {
            mediaPlayer : myMediaPlayer
}
```

这个代码不言自明，它正在创建一个 MediaView 节点来持有 MediaPlayer 节点，并在屏幕上显示 MediaPlayer 节点。MyMediaPlayer 节点(本节中早先创建的 MediaPlayer 节点)被指派给 MediaView 节点的 mediaPlayer 属性。

完整的 Chapter12.fx 脚本文件显示如下：

```
/*
 * Chapter12.fx
 *
 * v1.0 - J. F. DiMarzio
 *
 * 6/25/2010 - created
 *
 * Embedded Video and Music
 *
 */

package com.jfdimarzio.javafxforbeginners;

import javafx.stage.Stage;
import javafx.scene.Scene;
import javafx.scene.media.MediaView;

var myMediaPlayer : MyMediaPlayer = MyMediaPlayer {
}

Stage {
      title : "EmbeddedMedia"
      onClose: function () { }
```

```
    scene: Scene {
        width: 1280
        height: 720
        content: [ MediaView {
                        mediaPlayer : myMediaPlayer
                    }
                ]
            }
}
```

编译并运行这个例子，将看到应用程序一加载就开始播放示例视频，自动播放文件的原因是因为重写了 autoPlay 属性并设置其值为真。

如果仔细观察这个播放的视频，可能会注意到它是非常简单的，没有播放和暂停控件，也没有视频播放进度控件或允许用户跳过视频的控件。总之，在脚本中没有任何控件。

为了让用户实现对视频播放的控制，需要开发者自己来写这些控件。在本节的剩余内容中，我们将为自己的 MediaPlayer 节点写一些控件，并呈现给用户。

提示：

由于先前做好了准备，并已经创建了一个自定义 MediaPlayer 节点，所以创建控件的过程将非常容易。

下面创建一个快捷按钮来控制视频的播放。

12.1.1 创建播放/暂停按钮

本节将使用本书前面所创建的自定义按钮 RoundButton 来创建一个播放/暂停按钮，如果没有现成的 RoundButton 按钮代码，不用担心，其完整脚本如下所示(如果需要可以重新再写)：

```
/*
 * RoundButton.fx
 *
 * v1.0 - J. F. DiMarzio
 *
 * 6/23/2010 - created
 *
 * A Round Button using a SwingButton
 *
 */
package com.jfdimarzio.javafxforbeginners;

import javafx.scene.shape.Circle;

/**
 * @author JFDiMarzio
 */
```

```
public class RoundButton extends javafx.ext.swing.SwingButton{
    var type:String = '||';

    override var clip = Circle {
        centerX: 18,
        centerY: 12
        radius: 8
       };

    public var buttonType:Number on replace{
            if (buttonType == 1){
                type = '>';
            }else{
                type = '||';
            }
        };

    override var text = bind type;
}
```

这个版本的 RoundButton 按钮的装饰已经改变了，其类型已经从原来的“+”或“-”变为“>”或“||”，分别表示按钮是用来播放视频还是暂停视频。

提示：

如果需要复习 RoundButton 类的工作原理，请参阅第 11 章。

接下来，改变 MyMediaPlayer 脚本中的一个设置，把 autoPlay 属性值由 true 设为 false，如下面代码所示，其作用是当单击播放按钮时视频才开始播放。

```
/*
 * MyMediaPlayer.fx
 *
 * v1.0 - J. F. DiMarzio
 *
 * 6/25/2010 - created
 *
 * Embedded Video and Music
 *
 */

package com.jfdimarzio.javafxforbeginners;

import javafx.scene.media.MediaPlayer;
import javafx.scene.media.Media;

/**
 * @author JFDiMarzio
 */
```

```
public class MyMediaPlayer extends MediaPlayer {
    override var autoPlay = false;
    override var media = Media {
        source: "C:/wmdownloads/Robotica_720.wmv"
    }
}
```

现在，按钮和 MediaPlayer 节点都已创建好，最后一步是在 Chapter12.fx 脚本中编写代码来实现使用按钮控制视频的功能。

第一步是创建一个变量，这个变量用来跟踪视频当前是什么模式(播放或暂停)：

```
var playVideo : Integer = 1;
```

可以把按钮和该变量值绑定在一起以决定视频当前是播放还是暂停。按钮会实际完成这里的所有工作，但还需要为按钮的动作写一个函数，实现根据 playVideo 值的范围播放视频或暂停视频。

使用一个 if…else 语句来检测 playVideo 的值，随后相应地调用 myMediaPlayer.play()或 myMediaPlayer.pause()。包含按钮动作的函数其代码如下所示：

```
if (playVideo == 1){
              myMediaPlayer.play();
              playVideo = 0
}else{
              myMediaPlayer.pause();
              playVideo = 1
}
```

注意，如果变量 playVideo 的值为 1，则播放视频并且把 playVideo 的值设为 0，这样可以确保下一次单击按钮时视频将暂停播放。

Chapter12.fx 脚本的完成代码如下所示：

```
/*
 * Chapter12.fx
 *
 * v1.0 - J. F. DiMarzio
 *
 * 6/25/2010 - created
 *
 * Embedded Video and Music
 *
 */

package com.jfdimarzio.javafxforbeginners;

import javafx.stage.Stage;
import javafx.scene.Scene;
import javafx.scene.media.MediaView;
```

```
var myMediaPlayer: MyMediaPlayer = MyMediaPlayer {
        }
var playVideo: Integer = 1;

Stage {
    title: "EmbeddedMedia"
    onClose: function () {
    }
    scene: Scene {
        width: 1280
        height: 720
        content: [MediaView {
                mediaPlayer: myMediaPlayer
            }
            RoundButton {
                buttonType: bind playVideo;
                action: function () {
                    if (playVideo == 1) {
                        myMediaPlayer.play();
                        playVideo = 0
                    } else {
                        myMediaPlayer.pause();
                        playVideo = 1
                    }
                }
            }
        ]
  }
}
```

编译并运行这个例子将加载视频，但它直到单击“>”按钮才会开始播放。一旦视频开始播放，按钮就显示为“||”，并且单击它视频将暂停播放。

现在已经创建了一个简单的播放/暂停按钮，下面我们将创建一个进度条允许用户进行前进或后退操作。

12.1.2 创建进度条

创建进度条需要了解两个关键信息：第一，需要知道正在播放视频的总时间长度；第二，需要知道当前播放的时间点。幸运的是，JavaFX 可以完成这些事情，但是它需要先获取数据中的信息并把一些数据转换成可用的格式。

在 MyMediaPlayer 节点中控件是一个 media 属性，这个属性是实际正在播放视频文件的 Media 节点，Media 节点有一个名为 duration(持续时间)的属性。因此要得到正在播放视频的总运行时间，调用方法如下：

```
myMediaPlayer.media.duration.toMillis();
```

duration 属性的 toMillis()方法把持续时间转换成毫秒。毫秒比 Duration 对象更容易使用，并且更灵活。

要获得当前播放时间我们需要点创造性。MediaPlay 节点有一个名为 currentTime 的属性，这个属性返回一个 Duration 对象表示播放的当前时间位置。如果 MediaPlayer 已经有一个表示当前时间的属性，我们为什么还需要自己创新呢？请注意，我们当前创建的控件不仅可以关闭当前的播放，而且也能设置当前播放点，这样就需要比 Duration 对象更灵活的工作方式。

用来创建进度条的控件是 Slider，Slider 控件的位置切换是通过 value 属性来控制的，而 value 属性是 Number(数值)类型。因此，如果能将 MediaPlayer 节点的 currentTime 属性转换成 Number(数值)类型，那么使用起来就会更容易，这时就可以直接把 currentTime 属性和 Slider 控件绑定起来。

由于 currentTime 属性已经被定义为 Duration 类型，即使对它进行重写也不能把它变成一个 Number 类型(不能通过重写来改变一个属性的类型)，因此必须在 MyMediaPlayer 节点中创建一个新的属性，它可以持有转换过的 currentTime 属性。

在 MyMediaPlayer 节点中创建一个新的公用变量 progressIndicator。在这个属性中，将 currentTime 属性的值设置为 progressIndicator 的 Duration 值，代码如下：

```
public var progressIndicator: Number = 0 on replace {
      if (media.duration.toMillis() != java.lang.Double.NEGATIVE_INFINITY
       and media.duration.toMillis() != java.lang.Double.POSITIVE_INFINITY) {
          currentTime = media.duration.valueOf(progressIndicator);
      }
};
```

在这个属性中，检查确认视频持续时间有效后，使用 duration.valueOf()把 progressIndicator 转换成 currentTime 的值。现在当给 progressIndicator 属性赋一个值(以毫秒为单位)时，视频会移动到 currentTime 属性所设置的时间。下一步将把 currentTime 的值赋给 progressIndicator 变量，从而实现绑定。

重写 currentTime 属性的代码如下：

```
override var currentTime on replace {
        if(media.duration.toMillis() != java.lang.Double.NEGATIVE_INFINITY
           and
          media.duration.toMillis() != java.lang.Double.POSITIVE_INFINITY
          and
          media.duration.toMillis() != 0 and
          currentTime.toMillis() != java.lang.Double.NEGATIVE_INFINITY
           and
          currentTime.toMillis() != java.lang.Double.POSITIVE_INFINITY) {
          progressIndicator = currentTime.toMillis()
        }
    }
```

和 progressIndicator 属性一样，重写 currentTime 属性首先要检查多媒体持续时间的有效性，接着检查 currentTime 的有效性。假设这些检查都通过了，progressIndicator 变量的值会设置成 currentTime 属性的值，并以毫秒为单位。

现在已得到所需要的值，并设置了视频的当前播放时间。完整的 MyMediaPlayer 文件如下所示：

```
/*
 * MyMediaPlayer.fx
 *
 * v1.0 - J. F. DiMarzio
 *
 * 6/25/2010 - created
 *
 * Embedded Video and Music
 *
 */
package com.jfdimarzio.javafxforbeginners;

import javafx.scene.media.MediaPlayer;
import javafx.scene.media.Media;

/**
 * @author JFDiMarzio
 */
public class MyMediaPlayer extends MediaPlayer {

    override var autoPlay = false;
    public var progressIndicator: Number = 0 on replace {
        if (media.duration.toMillis() != java.lang.Double.NEGATIVE_INFINITY
         and media.duration.toMillis() !=
           java.lang.Double.POSITIVE_INFINITY) {
            currentTime = media.duration.valueOf(progressIndicator);
        }
    };
    override var currentTime on replace {
         if(media.duration.toMillis() != java.lang.Double.NEGATIVE_INFINITY
             and
            media.duration.toMillis() != java.lang.Double.POSITIVE_INFINITY
             and
            media.duration.toMillis() != 0 and
            currentTime.toMillis() != java.lang.Double.NEGATIVE_INFINITY
             and
            currentTime.toMillis() != java.lang.Double.POSITIVE_INFINITY) {
            progressIndicator = currentTime.toMillis()
        }
    }
    override var media = Media {
        source: "C:/wmdownloads/Robotica_720.wmv"
    }
}
```

MyMediaPlayer 设置好值之后，就可以构建自己的 Slider 控件了。

在本书前面的章节学习了如何使用绑定，绑定允许为动态更新的属性设置值。需要使用绑定将正在构建的 Slider 控件动态设置为视频当前播放的时间。当然，如果 Slider 控件改变了，那么它也需要设置为当前播放时间，要完成这个工作需要使用一个新的绑定概念。

```
bind…with inverse
```

绑定中的 with inverse 修饰符允许绑定双向工作，因此 Slider 控件的值从当前播放时间获取，并且改变 Slider 的值也会改变当前的播放时间。

使用逆绑定有一个警告：不能直接绑定要使用的值，而是必须通过一个变量来间接的绑定。开始编写代码之后，这个概念会变得更加清晰。

首先，在 Chapter12.fx 脚本中增加一个名为 progress 的变量，定义成 Number(数值)类型：

```
var progress : Number ;
```

接着在 myMediaPlayer 变量(在 Chapter12.fx 脚本中所创建的)中逆绑定 progressIndicator 变量和新的 progress 变量：

```
var myMediaPlayer: MyMediaPlayer = MyMediaPlayer {
            progressIndicator: bind progress with inverse;
        }
```

progressIndicator 和 progress 的逆向绑定使得 myMediaPlayer. progressIndicator 双向更新得以实现。

最后一步就是构建一个 Slider 控件，并逆绑定 value(值)属性到 progress 属性，代码如下：

```
import javafx.scene.control.Slider;
Slider {
                translateX: 35
                translateY: 5
                min: 0
                max: bind myMediaPlayer.media.duration.toMillis()
                value: bind progress with inverse;
                vertical: false
}
```

Chapter12.fx 文件的最终代码如下所示：

```
/*
 * Chapter12.fx
 *
 * v1.0 - J. F. DiMarzio
 *
 * 6/25/2010 - created
```

```
 *
 * Embedded Video and Music
 *
 */
package com.jfdimarzio.javafxforbeginners;

import javafx.stage.Stage;
import javafx.scene.Scene;
import javafx.scene.media.MediaView;
import javafx.scene.control.Slider;

var myMediaPlayer: MyMediaPlayer = MyMediaPlayer {
            progressIndicator: bind progress with inverse;
        }

var playVideo: Integer = 1;

var progress : Number ;

Stage {
    title: "EmbeddedMedia"
    onClose: function () {
    }
    scene: Scene {
        width: 1280
        height: 720
        content: [MediaView {
                mediaPlayer: myMediaPlayer
            }
            RoundButton {
                buttonType: bind playVideo;
                action: function () {
                        if (playVideo == 1) {
                            myMediaPlayer.play();
                            playVideo = 0
                        } else {
                            myMediaPlayer.pause();
                            playVideo = 1
                        }
                }
            }
            Slider {
                translateX: 35
                translateY: 5
                min: 0
                max: bind myMediaPlayer.media.duration.toMillis()
                value: bind progress with inverse;
                vertical: false
            }
```

```
        ]
    }
}
```

编译并运行这些脚本。现在有了一个暂停/播放按钮和一个允许用户改变视频当前播放位置的进度条。

下一节将学习使用 MediaPlayer 节点播放音频的方法。

12.2 播放音频

播放像 MP3 这样的音频文件与播放视频文件一样简单。事实上，把视频播放器变成音频播放器所要求的只是简单地把媒体源变成 MP3 文件。下面代码可把媒体源改为 CheapTrick-DreamPolice.mp3 文件：

```
override var media = Media {
    source: "C:/wmdownloads/CheapTrick-DreamPolice.mp3"
}
```

说明：

如本章前面所述，这里似乎也有一个 JavaFX 媒体播放器和 Mac 系统相兼容的问题。这有望在将来的版本中更正。

任何格式媒体文件的播放对 JavaFX 来说都是一项非常简单的任务。我们使用本章前面学到的技巧，创建一个垂直的 Slider 控件来控制音频播放器的音量。(提示：mediaPlayer 节点有一个 volume(音量)属性可进行绑定。)

参考代码如下：

```
/*
 * Chapter12.fx
 *
 * v1.0 - J. F. DiMarzio
 *
 * 6/25/2010 - created
 *
 * Embedded Video and Music
 *
 */
package com.jfdimarzio.javafxforbeginners;

import javafx.stage.Stage;
import javafx.scene.Scene;
import javafx.scene.media.MediaView;
import javafx.scene.control.Slider;
import javafx.scene.media.MediaError;

var myMediaPlayer: MyMediaPlayer = MyMediaPlayer {
```

```
            progressIndicator: bind progress with inverse;
            volume: bind playbackVolume with inverse;
        }

var playVideo: Integer = 1;

var progress : Number ;

var playbackVolume : Number = 2 ;

Stage {
    title: "EmbeddedMedia"
    onClose: function () {
    }
    scene: Scene {
        width: 200
        height: 200
        content: [MediaView {
                mediaPlayer: myMediaPlayer
            }
            RoundButton {
                buttonType: bind playVideo;
                action: function () {
                    if (playVideo == 1) {
                        myMediaPlayer.play();
                        playVideo = 0
                    } else {
                        myMediaPlayer.pause();
                        playVideo = 1
                    }
                }
            }
            Slider {
                translateX: 35
                translateY: 5
                min: 0
                max: bind myMediaPlayer.media.duration.toMillis()
                value: bind progress with inverse;
                vertical: false
            }
            Slider {
                translateX: 5
                translateY: 35
                min: 0
                max: 5
                value: bind playbackVolume with inverse;
                vertical: true
                rotate: 180
            }
```

```
        ]
    }
}
```

下一章将学习使用 JavaFX 布局的方法。

12.3 测试题

1. 哪个节点用于持有一个 MediaPlayer 节点？
2. 哪个程序包含有播放媒体文件所需的所有节点？
3. MediaPlayer 节点的什么属性可实现一加载媒体文件就播放？
4. MediaPlayer 节点能播放什么格式的多媒体？
5. MediaPlayer 节点的什么属性可使媒体暂停播放？
6. MediaPlayer.mediaLength()将提供媒体文件的总播放时间，正确还是错误？
7. MediaPlayer.currentTime 是什么类型？
8. 绑定的什么类型允许双向更新？
9. 使用逆向绑定可以直接绑定一个值，正确还是错误？
10. 绑定 MediaPlayer 的什么属性可以控制播放的音量？

第13章

使用 JavaFX 布局

重要技能与概念：

- 在 Scene 对象中布置节点
- 使用 HBox
- 嵌套布局

通过本书我们已经学习了创建和使用节点的方法，如果不能在屏幕上放置节点，JavaFX 就失去了趣味性。节点必须合理地放置在屏幕上，才能使用户界面(UI)变得直观和实用。

在本书中我们已经学习了在一个 Scene 对象的内容中手动放置节点，然后使用所期望位置的 x、y 坐标移动那些节点，把它们放到一个合适的地方。然而在屏幕上手动移动这些节点是一项枯燥的工作，结果可能消耗掉用来开发功能的时间。

JavaFX 提供了一系列非常方便有用的工具来帮助用户在屏幕上组织节点的布局。布局能自动地以预定义模式组织节点，这个预定义模式可使应用程序看起来很专业且具高度的实用性。

在本章中，将学习使用布局来组织各种节点的方法。要学习的第一个布局是 HBox 布局。

在开始之前先创建一个新的空 JavaFX 脚本文件，并将其命名为 Chapter13.fx。脚本代码如下所示：

```
/*
 * Chapter13.fx
 *
 * v1.0 - J. F. DiMarzio
 *
 * 6/23/2010 - created
 *
 * Using JavaFX Layouts
 *
 */
package com.jfdimarzio.javafxforbeginners;

import javafx.stage.Stage;
import javafx.scene.Scene;
import javafx.scene.layout.HBox;
import javafx.scene.control.TextBox;
import javafx.scene.control.Button;

/**
 * @author JFDiMarzio
 */
```

13.1 HBox 布局

HBox 是一个水平布局，利用它可以在屏幕上放置相对位置的节点。也就是说，HBox 布局按彼此节点间的水平位置来组织节点。为了说明这一点，下面创建一个 Scene 对象，它包含一个 TextBox 控件和一个 Button 控件：

```
TextBox {
                text: "SampleText"
                columns: 12
                selectOnFocus: true
            } Button {
                text: "Button"
```

```
                    action: function () {
                    }
                }
```

完整的脚本代码如下：

```
/*
 * Chapter13.fx
 *
 * v1.0 - J. F. DiMarzio
 *
 * 6/23/2010 - created
 *
 * Using JavaFX Layouts
 *
 */
package com.jfdimarzio.javafxforbeginners;

import javafx.stage.Stage;
import javafx.scene.Scene;
import javafx.scene.control.TextBox;
import javafx.scene.control.Button;

/**
 * @author JFDiMarzio
 */
Stage {
    title: "UsingLayouts"
    onClose: function () {
    }
    scene: Scene {
        width: 200
        height: 200
        content: [TextBox {
                text: "SampleText"
                columns: 12
                selectOnFocus: true
            } Button {
                text: "Button"
                action: function () {
                }
            }
        ]
    }
}
```

编译并运行该脚本，可以看到如果没有修改节点的布局，它们将简单地混在一起，如图 13-1 所示。

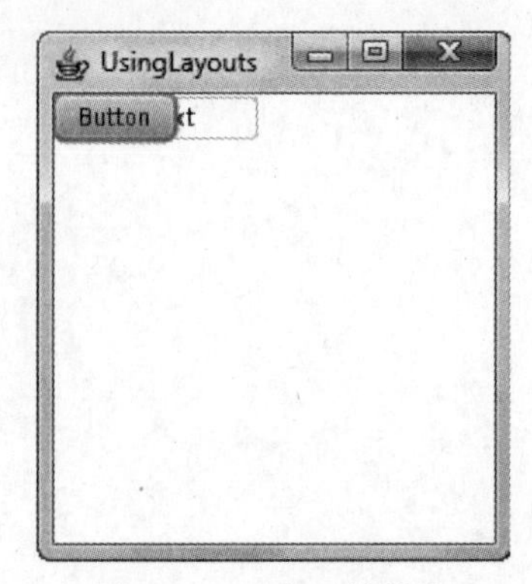

图 13-1　无布局的节点

这些节点的布局非常不和谐，不是一个非常实用的设计。现在使用 HBox 布局来组织屏幕上的节点，HBox 布局属于 javafx.scene.layout 包。在 Scene 对象中添加 HBox 布局之前，必须导入该程序包。

提示：

现在从上一个例子中移除 TextBox 控件和 Button 控件，之后重新添加它们，但这一次是作为 HBox 布局的内容。

```
import javafx.scene.layout.HBox;
```

导入正确的程序包之后，向 Scene 对象中添加 HBox 布局：

```
Stage {
    title: "UsingLayouts"
    onClose: function () {
    }
    scene: Scene {
        width: 200
        height: 200
        content: [HBox {
                content: []
            }
        ]
    }
}
```

现在，HBox 布局唯一要关注的属性是 content 属性，我们向该属性增加所有需 HBox 布局管理的节点，HBox 将在 content 属性中水平放置所有节点。

向 HBox 布局的 content 属性中添加一个 TextBox 控件和一个 Button 控件，代码如下：

```
HBox {
             content: [TextBox {
                     text: "SampleText"
                     columns: 12
                     selectOnFocus: true
```

```
                } Button {
                    text: "Button"
                    action: function () {
                    }
                }
            ]
}
```

注意，现在依然不能设置 TextBox 控件和 Button 控件的 x、y 坐标位置。通常情况下，这会导致节点最后将被放在屏幕的顶部，但是 HBox 已经考虑放置的位置了并将整齐的依次排列这些节点。完整的脚本代码如下所示：

```
/*
 * Chapter13.fx
 *
 * v1.0 - J. F. DiMarzio
 *
 * 6/23/2010 - created
 *
 * Using JavaFX Layouts
 *
 */
package com.jfdimarzio.javafxforbeginners;

import javafx.stage.Stage;
import javafx.scene.Scene;
import javafx.scene.layout.HBox;
import javafx.scene.control.TextBox;
import javafx.scene.control.Button;

/**
 * @author JFDiMarzio
 */
Stage {
    title: "UsingLayouts"
    onClose: function () {
    }
    scene: Scene {
        width: 200
        height: 200
        content: [HBox {
                content: [TextBox {
                        text: "SampleText"
                        columns: 12
                        selectOnFocus: true
                    } Button {
                        text: "Button"
                        action: function () {
                        }
```

```
                    }
                ]
            }
        ]
    }
}.
```

编译并运行这个脚本，节点如图 13-2 所示。

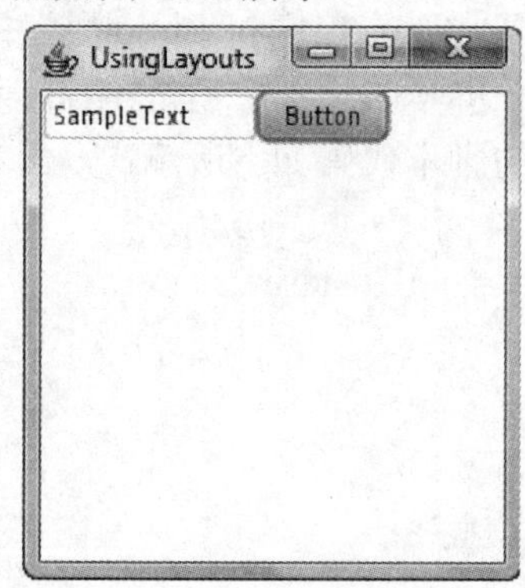

图 13-2　使用 HBox 放置节点

HBox 布局使用起来很简单，并且不要求设置任何参数就可达到很好的效果，使用这个工具可以很方便地排列和组织自己的节点。

请记住，JavaFX 中所有布局包括 HBox 布局都是继承自 Node 类。这就意味着诸如键盘和鼠标等事件都可在布局中使用，同样地我们也可以为布局应用特效，这样就可得到大量的自定义选项。更多有关节点中事件或特效的知识，请参阅本书前面的章节。

下一节将使用 VBox 布局来垂直组织节点而不是水平组织节点。

13.2　VBox 布局

VBox 布局是 JavaFX 的一个布局，它是垂直组织节点，与 HBox 布局的水平组织节点完全不同。在创建表格和其他需要以自上而下方式使用信息的应用程序中，VBox 布局特别有用。

使用 VBox 布局前，先要导入 javafx.scene.layout.VBox 包：

```
import javafx.scene.layout.VBox;
```

VBox 实现起来很容易，下面代码示例演示了如何为 Scene 对象添加一个 VBox 布局：

```
Scene {
    width: 200
    height: 200
    content: [VBox {
            content: [
            ]
```

```
            }
        ]
}
```

使用与前一节例子相同的 TextBox 控件和 Button 控件创建一个 VBox 布局。完整的脚本如下所示：

```
/*
 * Chapter13.fx
 *
 * v1.0 - J. F. DiMarzio
 *
 * 6/23/2010 - created
 *
 * Using JavaFX Layouts
 *
 */
package com.jfdimarzio.javafxforbeginners;

import javafx.stage.Stage;
import javafx.scene.Scene;
import javafx.scene.layout.VBox;
import javafx.scene.control.TextBox;
import javafx.scene.control.Button;

/**
 * @author JFDiMarzio
 */
Stage {
    title: "UsingLayouts"
    onClose: function () {
    }
    scene: Scene {
        width: 200
        height: 200
        content: [VBox {
                content: [TextBox {
                        text: "SampleText"
                        columns: 12
                        selectOnFocus: true
                    } Button {
                        text: "Button"
                        action: function () {
                        }
                    }
                ]
            }
        ]
    }
```

```
}
```

编译并运行这个脚本。在前一节中用到 HBox 布局水平组织节点，而在这个脚本中使用 VBox 布局，会看到两个节点垂直依次排列，结果如图 13-3 所示。

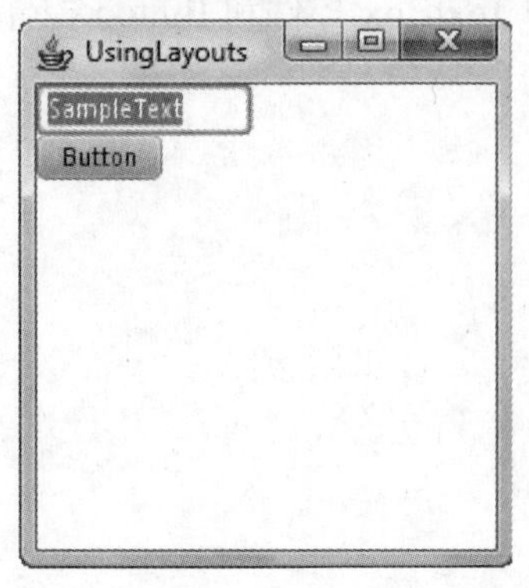

图 13-3 使用 VBox 组织节点

这个例子再次说明了在 JavaFX 中使用一个布局来组织节点是多么的容易。下一节我们将结合目前已学的所有布局知识来创建一个嵌套布局。

13.3 嵌套布局

布局更灵活的一个方面是它可以嵌套，也就是说可以相互放置在彼此之中。我们可以通过结合两个或多个的已有布局来创建一些非常实用的用户界面。

在前面的内容中我们看到了两个非常具体的布局。在 Scene 对象中，HBox 布局只能水平横排节点，而 VBox 布局只能垂直竖排节点。JavaFX 能提高这两个有局限的布局并使它们依然功能强大，因为这些布局可以相互嵌套可用于创建一个更具动态性的节点组织形式。

例如，现在要创建一个 Scene 对象，它包含一个 TextBox 控件，TextBox 后面水平放置一个 Button 控件。接着，直接在这些节点的下方放置另外一套上述的控件。通过在一个 VBox 布局中嵌套两个 HBox 布局，这个问题很容易得到解决。

VBox 垂直组织节点。在本例中要垂直安放两组节点。因此在 VBox 布局中将有两个 HBox 布局元素，它们代表两个垂直排放的水平的节点组，你对此感到困惑吗？不要担心，看完代码之后，就会很清楚这一点。

现在开始创建 VBox 布局，代码如下：

```
VBox {
     content: [
         ]
     }
```

在 VBox 布局中，创建两个单独的 HBox 实例，如下所示：

```
VBox {
```

```
        content: [HBox {
              content: [
              ]
          }
          HBox {
                  content: [
                  ]
          }
        ]
    }
```

这些 HBox 实例为要堆放的节点提供了放置的空间。现在向每个 HBox 布局中放置一个 TextBox 控件和一个 Button 对象：

```
VBox {
           content: [HBox {
                 content: [TextBox {
                       text: "SampleText1"
                       columns: 12
                       selectOnFocus: true
                     } Button {
                       text: "Button1"
                       action: function () {
                       }
                     }
                 ]
              }
              HBox {
                 content: [TextBox {
                       text: "SampleText2"
                       columns: 12
                       selectOnFocus: true
                     Button {
                       text: "Button2"
                       action: function () {
                       }
                     }
                 ]
              }
          ]
       }
```

在两个不同的布局之间相互嵌套正是我们所要的。嵌套过程不只是局限于两个布局，多个布局也能相互嵌套，并产生更加多样化的节点布局。本例中这个已完成的脚本文件产生了两个 TextBox 控件和两个 Button 控件的列效果。完整的脚本如下：

```
/*
 * Chapter13.fx
 *
```

```
 * v1.0 - J. F. DiMarzio
 *
 * 6/23/2010 - created
 *
 * Using JavaFX Layouts
 *
 */
package com.jfdimarzio.javafxforbegin

import javafx.stage.Stage;
import javafx.scene.Scene;
import javafx.scene.layout.VBox;
import javafx.scene.layout.HBox;
import javafx.scene.control.TextBox;
import javafx.scene.control.Button;

/**
 * @author JFDiMarzio
*/
Stage {
    title: "UsingLayouts"
    onClose: function () {
    }
    scene: Scene {
        width: 200
        height: 200
        content: [VBox {
                content: [HBox {
                        content: [TextBox {
                                text: "SampleText1"
                                columns: 12
                                selectOnFocus: true
                            } Button {
                                text: "Button1"
                                action: function () {
                                }
                            }
                        ]
                 HBox {
                    content: [TextBox {
                            text: "SampleText2"
                            columns: 12
                            selectOnFocus: true
                        } Button {
                            text: "Button2"
                            action: function () {
                            }
                        }
                    ]
```

```
                        }
                    ]
                }
            ]
        }
}
```

编译并运行这个脚本，将看到如图 13-4 所示的布局。

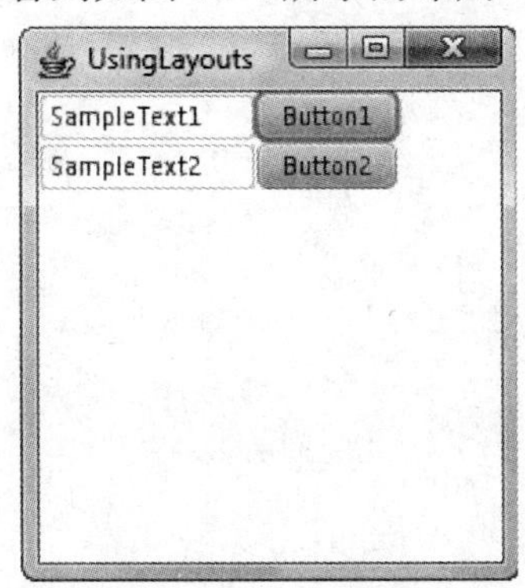

图 13-4　嵌套布局

现在可以体验一下 ClipView、Flow、Stack 和 Tile 布局了。试着嵌套这些布局从而产生具有吸引力的原创自定义布局。

试一试　**使用其他布局**

参照本章给出的例子，试着用一个 Flow 布局、一个 Stack 布局或一个 Tile 布局创建一个 JavaFX 应用程序来显示 3 个图片，请注意每个布局是如何改变图片的显示方式。

在本书第 14 章将学习使用 CSS 为用户界面添加更多原创性。

13.4　测试题

1. 在 Scene 对象中，哪种布局是水平组织节点的？
2. HBox 布局位于 javafx.scene.HBox 程序包中，正确还是错误？
3. 哪种属性可以持有布局组织的节点？
4. 在一个布局中放置节点时，必须确认每个节点的 x、y 坐标，正确还是错误？
5. 可以将特效应用于布局吗？
6. 在 Scene 对象中，哪种布局是垂直组织节点的？
7. 将多个布局进行组合从而产生一个新布局的术语叫什么？
8. 对于嵌套布局，其中一个布局必须从其他布局继承，正确还是错误？
9. 只能将两个布局进行嵌套，正确还是错误？
10. 除了 VBox 布局和 HBox 布局之外，请说出另外 4 个布局的名称。

第 14 章

使用 CSS 设计 JavaFX

重要技能与概念：

- 为程序包添加 CSS 文件
- 使用 CSS 类
- 访问 Node 属性

本章将学习如何使用层叠样式表(Cascading Style Sheets，CSS)来轻松改变 JavaFX 应用程序的界面风格。如果还不完全了解 CSS 是什么，那么下面的快速温习将对你有所帮助。

CSS 是一种样式语言，它允许将对象的样式元素从对象本身分离出来。尽管在

JavaFX 产生之前就已经出现了 CSS，但是 JavaFX 包含了使用该样式语言的能力。事实上，JavaFX CSS 是基于 W3C 2.1 版的 CSS 标准，这就意味着无须考虑位置、外观或体验就可以创建自己的所有对象或 JavaFX 节点，所要做的就是定义节点的功能。随后，无论是在节点的样式属性中还是在完全独立的文件中，我们都可以定义样式来改变节点的位置和界面风格。

注意 CSS 的一个重要的特性是，用户使用的所有 CSS 样式可以包含在一个独立于脚本的文件中。保持脚本和.css 文件的独立，可在不改变或重新编译脚本的情况下来变换应用程序的样式，甚至完全改变其界面风格。这意味用户可以通过修改.css 文件来改变一个已经设计好的应用程序的界面风格，同时也无需修改应用程序脚本。

专家释疑

问： 在 JavaFX 中使用 CSS 和在网页中使用 CSS 是否有不同之处？

答： 有。JavaFX 支持新的 JavaFX-specific 元素，未来 JavaFX 是否支持或支持多少标准的 CSS 元素还不太清楚。

本章接下来讲解如何在脚本中利用这个非常实用的工具。开始之前，需要创建一个新的空 JavaFX 脚本文件 Chapter14.fx，如下所示：

```
/*
 * Chapter14.fx
 *
 * v1.0 - J. F. DiMarzio
 *
 * 6/25/2010 - created
 *
 * Styling JavaFX with CSS
 *
 */
package com.jfdimarzio.javafxforbeginners;

/**
 * @author JFDiMarzio
 */
```

本章的第一节将学习把脚本中使用的样式表添加到 JavaFX 程序包中的方法。

14.1 向程序包添加样式表

虽然可以直接向脚本文件中添加样式，但不推荐这种方式，因为它在本质上与开始就能从脚本中分离样式的目的相反。因此，我们将学习如何创建一个独立的.css 文件，且把它添加到程序包中并创建一些有用的样式。

第一步，右击 NetBeans 的 Projects 视图中的程序包名(在 IDE 左边)。选择 context

菜单中的 New | Other 选项，如图 14-1 所示。

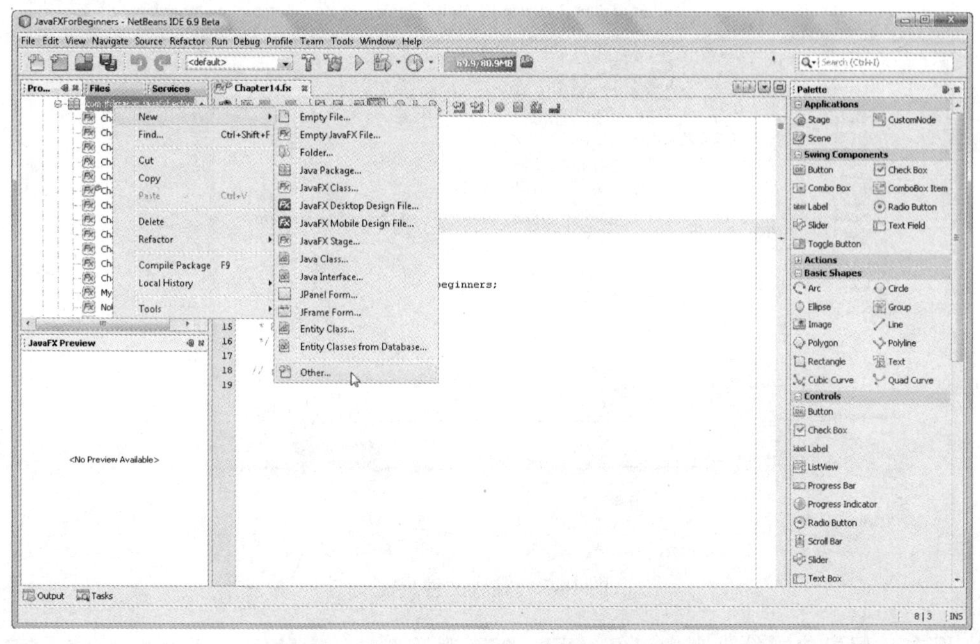

图 14-1　选择 context 菜单中 New | Other 选项

打开 New File Wizard，选择 Categories | Other，随后选择 File Types | Cascading Style Sheet，如图 14-2 所示。

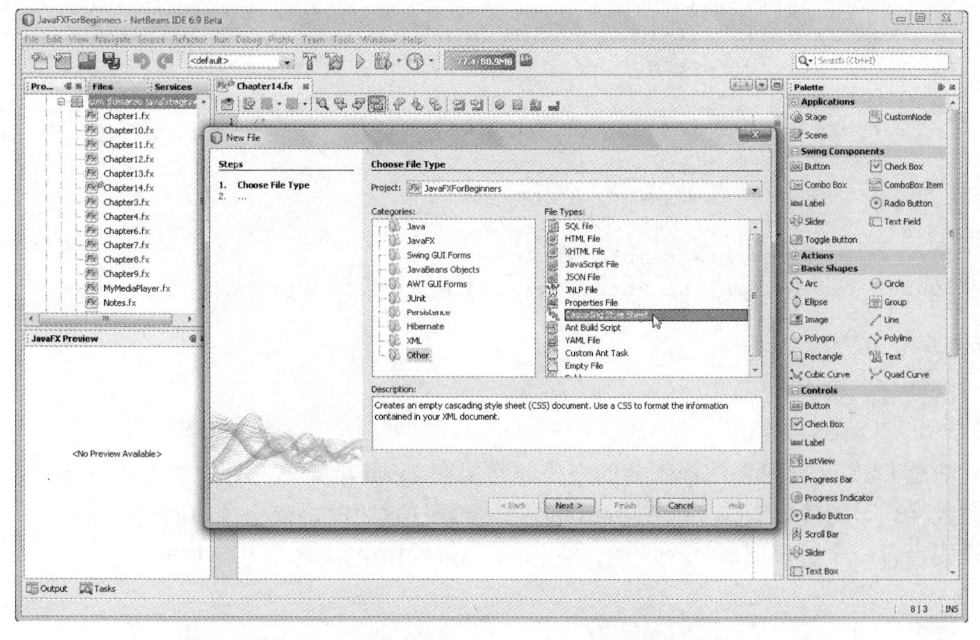

图 14-2　选择 Cascading Style Sheet(层叠样式表)

最后，单击 Next 按钮将文件命名为 default，单击 Finish 按钮，如图 14-3 所示。

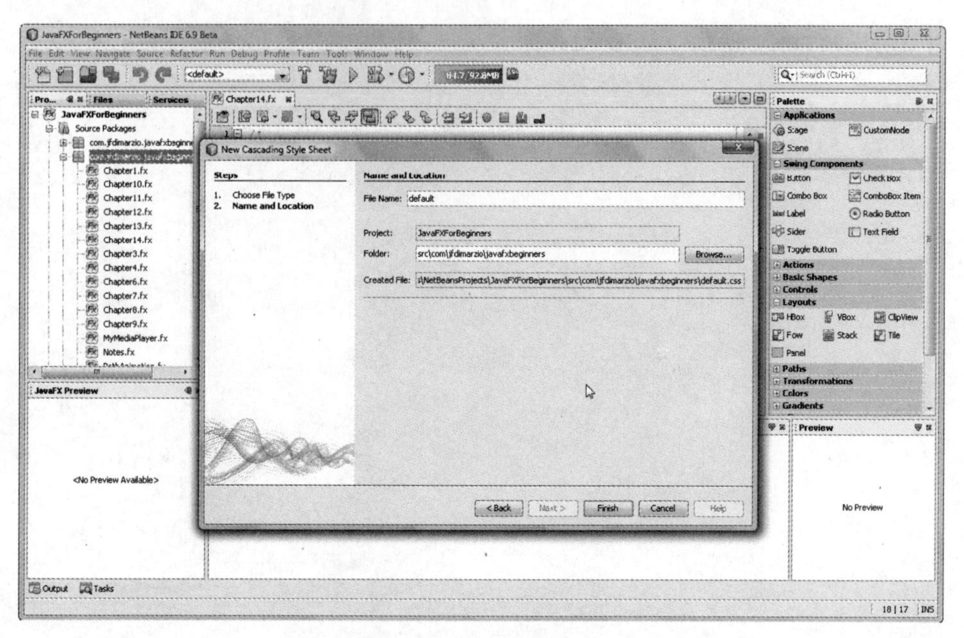

图 14-3 完成文件界面

现在，程序包文件列表中已经有了一个名为 default.css 的文件。如果它没有打开，那么打开样式表，其代码显示如下：

```
/*
    Document    : default
    Created on : Jul 31, 2010, 11:35:22 AM
    Author     : JFDiMarzio
    Description:
        Purpose of the stylesheet follows.
*/

/*
    TODO customize this sample style
    Syntax recommendation http://www.w3.org/TR/REC-CSS2/
*/
root{
    display:block;
}
```

注意 CSS 文件包含注释部分的方式非常像在 JavaFX 脚本文件中的方式。注释部分后面是样式。当使用 New File Wizard 创建一个新样式表时，就会自动创建一个样式，这个样式包含一个选择器和一个声明，它指明 root(根)中的内容都是可见的。

提示：

请记住，本章的内容不是把 CSS 作为一种语言来教授的，相反要学习的是如何使用与 JavaFX 相关的 CSS。如果需要更多的有关 CSS 和 CSS 属性的使用知识，那么学习本章之前可以使用众多有效的在线资源进行学习。

样式表创建后，把它加入到正在使用的程序包中，这时我们就开始创建第一个样式了。下一节中将创建一个样式，该样式可以应用到后面的 JavaFX 脚本 Label(标签)节点中。

14.1.1　创建样式

JavaFX 会自动识别任何一个带有名称的节点所创建的 CSS 样式类。例如，如果要创建一个应用到所有 Label(标签)节点的 CSS 类，那么可以创建一个名为.label 的样式类。现在开始创建一个.label 类并将在随后的脚本中使用它。

```
.label{
}
```

在这个类中，可以把 Label 节点的字体颜色变为红色，并将字体设置为 14 磅 Courier 字体。要改变字体和字体颜色，就需要在样式类中增添正确的属性。幸运的是，JavaFX 也能识别那些直接访问 Node 属性的 CSS 样式属性。

Label 节点中用来改变一个标签字体颜色的属性是 textFill。要从 CSS 中访问这个属性，需要添加“-fx-”作为前缀，并使用连字符(-)分割每个单词。样式声明如下所示：

```
.label{
    -fx-text-fill: red;
}
```

这个样式指出所有 Label 节点都将 textFill 属性设置成 RED。下面将为 Label 节点创建更多的声明，然后把这个样式表应用到一个脚本中。

使用-fx-font 样式来改变 Label 节点的字体如下所示：

```
.label{
    -fx-text-fill: red;
    -fx-font: bold 14pt "Courier";
}
```

上述的样式把所有标签的字体变成为红色、粗体的 14 磅 Courier 字体。完整的 CSS 文件如下所示：

```
/*
   Document   : default
   Created on : Jul 31, 2010, 11:35:22 AM
   Author     : JFDiMarzio
   Description:
       Purpose of the stylesheet follows.
*/

/*
  TODO customize this sample style
  Syntax recommendation http://www.w3.org/TR/REC-CSS2/
*/
```

```
root{
    display:block;
}

 .label{
   -fx-text-fill: red;
   -fx-font: bold 14pt "Courier";
}
```

下一节将把完整的 CSS 文件应用到一个 JavaFX 脚本中。

14.1.2 使用自己的样式

前面学习了如何创建一个独立的 CSS 文件，随后在样式文件中创建了一个样式，并将其应用到所有的 Label(标签)节点。现在打开 Chapter14.fx 文件，并创建一个使用这个新 CSS 文件的标签。

首先，向文件中添加一个 Stage 对象和一个 Scene 对象，如下所示：

```
import javafx.stage.Stage;
import javafx.scene.Scene;

/**
 * @author JFDiMarzio
 */
Stage {
    title: "Using CSS Styles"
    onClose: function () {
    }
    scene: Scene {
    width: 300
    height: 200
    content: []
    }
}
```

要在该脚本中使用样式表，需要先把它应用到 Scene 对象中。Scene 对象中有一个名为 styleSheets 的属性，注意这个属性的名称是复数，这是因为在一个 Scene 对象中可以应用多个样式表。

使用_DIR_常数来指明样式表的位置，如下所示：

```
Stage {
    title: "Using CSS Styles"
    onClose: function () {
    }

    scene: Scene {
        stylesheets: ["{__DIR__}default.css"]
        width: 300
```

```
        height: 200
        content: []
    }
}
```

现在，为 Scene 对象的 content 属性中简单添加一个 Label 节点：

```
import javafx.scene.control.Label;
Stage {
    title: "Using CSS Styles"
    onClose: function () {
    }

    scene: Scene {
        stylesheets: ["{__DIR__}default.css"]
        width: 300
        height: 200
        content: [Label {
                text: "This is sample text to be styled."
            }
        ]
    }
}
```

注意，在脚本中没有使用任何方式来修改 Label(标签)节点。正常情况下，标签中字体为标准的黑色，但是由于应用了 default.css 文件，标签的文字最终显示为红色、粗体的 Courier 字体。

编译并运行这个脚本，将看到如图 14-4 所示的结果。

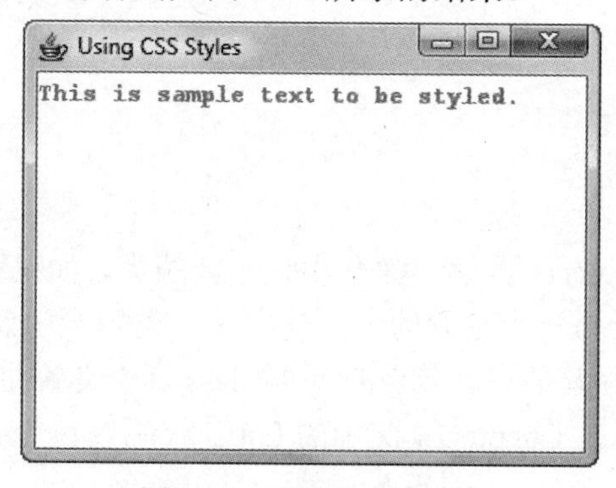

图 14-4　应用样式的标签

本章的最后一节将学习创建可应用于独立节点的样式类。

14.2　创建独立样式类

再次打开 default.css 文件，向其中添加一个样式类，该样式类可应用于任何节点，而与节点类型无关。也就是说，之前创建的一个样式只能应用于所有的标签节点，而现在创建的样式可以应用于所需的任何节点。

现在创建一个可将节点旋转 90 度的类。向 default.css 文件中添加这个类：

```
.rotate{
    -fx-rotate:90;
}
```

注意，这里用来旋转节点的属性被称为 rotate 属性。因此，样式表把它声明为 -fx-rotate。完整的 default.css 文件如下：

```
/*
   Document    : default
   Created on : Jul 31, 2010, 11:35:22 AM
   Author     : JFDiMarzio
Description:
       Purpose of the stylesheet follows.
*/

/*
  TODO customize this sample style
  Syntax recommendation http://www.w3.org/TR/REC-CSS2/
*/
root{
    display:block;
}

 .label{
    -fx-text-fill: red;
    -fx-font: bold 14pt "Courier";
}
.rotate{
    -fx-rotate:90;
}
```

现在，需要修改 Chapter14.fx 脚本来使用这个新的类。如果脚本没有打开，请打开。

刚才创建的.rotate 类是一个独立的类，使用这个类需专门调用它，这与.label 类不同，.label 类应用于所有标签节点。节点的 styleClass 属性允许指定应用于所需节点的当前样式表中的一个类。修改 Chapter14.fx 中的 Label 代码以包含 styleClass 属性：

```
Stage {
    title: "Using CSS Styles"
    onClose: function () {
    }

    scene: Scene {
        stylesheets: ["{__DIR__}default.css"]
        width: 300
        height: 200
        content: [Label {
```

```
            styleClass:
                text: "This is sample text to be styled."
             }
        ]
    }
}
```

为 styleClass 属性指定类(rotate)的名称，完整的脚本如下所示：

```
/*
 * Chapter14.fx
 *
 * v1.0 - J. F. DiMarzio
 *
 * 6/25/2010 - created
 *
 * Styling JavaFX with CSS
 *
 */
package com.jfdimarzio.javafxforbeginners;

import javafx.stage.Stage;
import javafx.scene.Scene;
import javafx.scene.control.Label;


/**
 * @author JFDiMarzio
 */
Stage {
    title: "Using CSS Styles"
    onClose: function () {
    }

    scene: Scene {
        stylesheets: ["{__DIR__}default.css"]
        width: 300
        height: 200
        content: [Label {
            styleClass: "rotate"
                text: "This is sample text to be styled."
            }
        ]
    }
}
```

编译并运行这个包含新 default.css 文件的脚本，将看到标签文本中的一个变化，如图 14-5 所示。

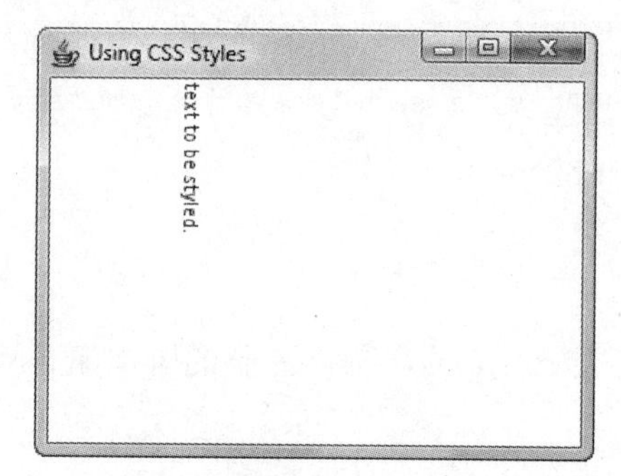

图 14-5 使用.rotate 类的标签

仔细观察该脚本的运行结果，发现样式表的使用有个重要的特点。请注意这个文本，虽然现在已经旋转 90 度，但是它不再是红色的或者 14 磅粗体 Courier 字体。这是由于使用 styleClass 属性专门为一个节点指定任何样式类将总体重写应用于节点的任何样式。因此，.label 类中的样式声明被.rotate 类中的样式声明重写，这意味着只有.rotate 类中样式声明被应用于标签，而.label 类中的样式声明没有应用于标签。

试一试　练习使用样式

练习使用样式和节点。用本章中所用例子创建一个可以改变节点位置或颜色的样式类。

14.3 测试题

1. 什么是层叠样式表(CSS)？
2. 层叠样式表的文件扩展名是什么？
3. 什么向导可为程序包创建和添加一个 CSS？
4. 如果使用向导来创建自己的 CSS，默认添加什么类？
5. 创建一个应用于特定类型的所有节点的 CSS 时，这个类的名称应该是小写的节点类型名。正确还是错误？
6. 从一个 CSS 类中调用节点属性，应添加什么样的前缀？
7. Scene 对象的什么属性允许为脚本应用一个样式表？
8. 一个 Scene 对象仅能添加一个样式表，正确还是错误？
9. 节点的什么属性允许为节点指定一个特定的 CSS 类？
10. 如果节点同时应用了基于节点类型的 CSS 类和 styleClass 属性，那么 styleClass 属性中的样式将重写基于节点类型的样式。正确还是错误？

附录 A

部署 JavaFX

本书主要是讲述 JavaFX 开发的基本知识。我们已经学习了编写 JavaFX 脚本的方法，并且创建了一些非常具有吸引力的应用程序。

JavaFX 博大精深，为用户提供了很大的创造空间，不可否认的是我们在 JavaFX 中所用到的内容仅仅触及皮毛。当然你可能对所学过的知识也会有些疑问，所以本书的附录试图填补正文部分留下的漏洞。

A.1 部署 JavaFX

本书中已经创建了多个 JavaFX 脚本，它们都可在 NetBeans 中运行。利用 JavaFX 我们在短时间内已经编写了一些非常有用的脚本。但是还有一个问题：需要部署自己的脚本以便其他用户也能执行你的应用程序。

接下来学习使用 NetBeans 部署 JavaFX 的快捷简便的方法。

说明：

本例要用到 Chapter12.fx 文件。如果在第 12 章没有创建 Chapter12.fx 文件，可以使用书中的其他任何示例。若是没有保存书中的任何示例，那么进行下一步之前应该先创建一个示例。

在 NetBeans 中部署 JavaFX 脚本，首先右击 NetBeans 中的项目名称，选择项目的 Properties 对话框，在该对话框中选择 Run properties 选项，如图 A-1 所示。

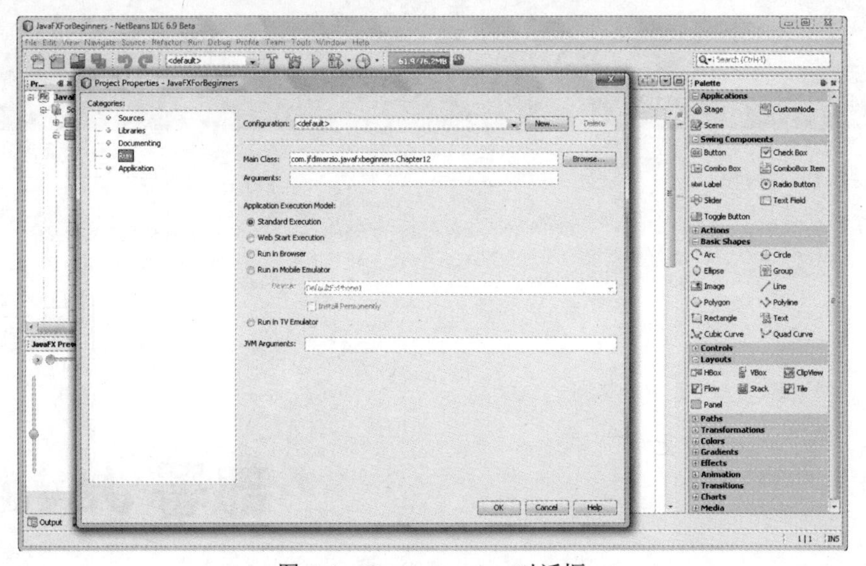

图 A-1 Run properties 对话框

在 Run properties 对话框中，要确认待执行的.fx 文件为主类，位于 Main class 部分区的.fx 文件将被编译并在此过程中被部署。一旦确认或设置了正确的.fx 文件作为主类文件，就可以关闭项目的 Properties 对话框。

部署 JavaFX 应用程序的第二步是创建项目，创建过程编译了脚本以便于可在 NetBeans IDE 之外执行脚本。创建项目的方法为：再次右击项目名称，选择 Build Project，如图 A-2 所示。

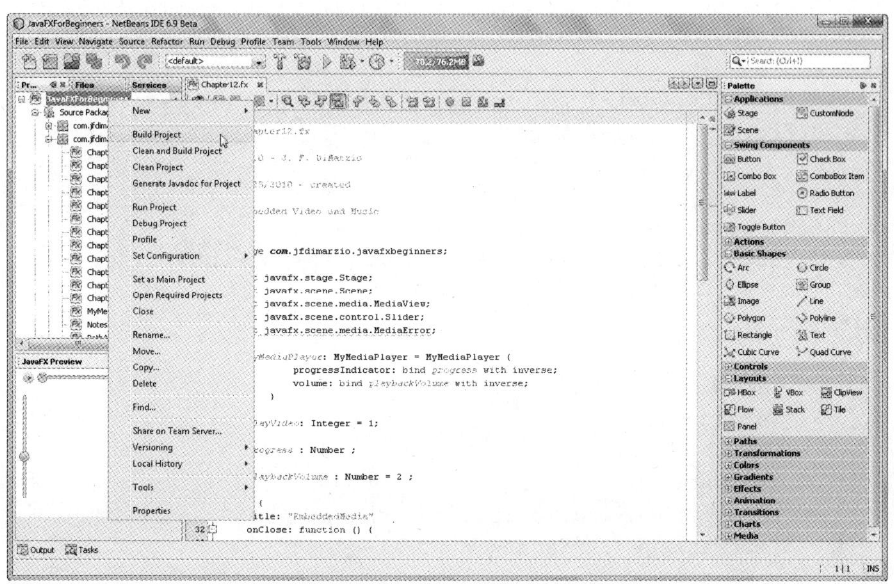

图 A-2　创建项目

创建过程完成后，将有一套完整的可执行文件集，它们位于 NetBeans 项目的 dist 文件夹，该文件的内容如图 A-3 所示。

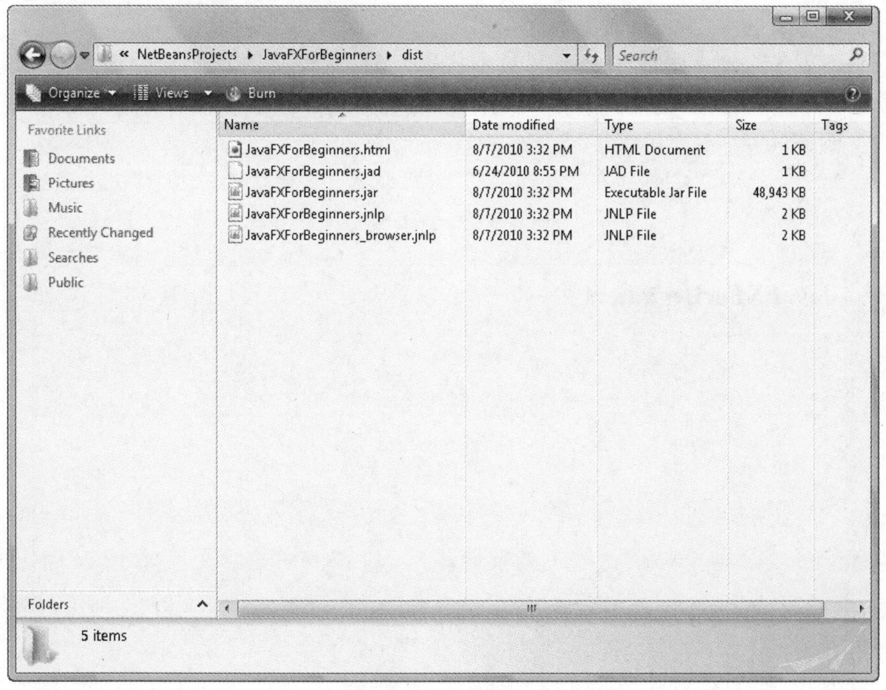

图 A-3　dist 文件夹

请注意，创建过程生成了一个用项目名命名的 HTML 文件，这是一个发布文件的样本，它包含了应用程序发布成功所需的全部信息。如果打开该文件，可看到它包含如下代码：

```
<html>
<head>
<meta http-equiv="Content-Type" content="text/html; charset=utf-8">
<title>JavaFXForBeginners</title>
</head>
<body>
<h1>JavaFXBeginners</h1>
<script src="http://dl.javafx.com/1.3/dtfx.js"></script>
<script>
    javafx(
        {
                archive: "JavaFXBeginners.jar",
                draggable: true,
                width: 200,
                height: 200,
                code: "com.jfdimarzio.javafxbeginners.Chapter12",
                extPackages: "javafx.ext.swing",
                name: "JavaFXBeginners"
        }
    );
</script>
</body>
</html>
```

HTML 文件的脚本区域是 javafx 脚本代码，当打开该页时它允许编译过的项目运行。用浏览器打开该 HTML 文件可看到应用程序的全部功能，如图 A-4 所示。

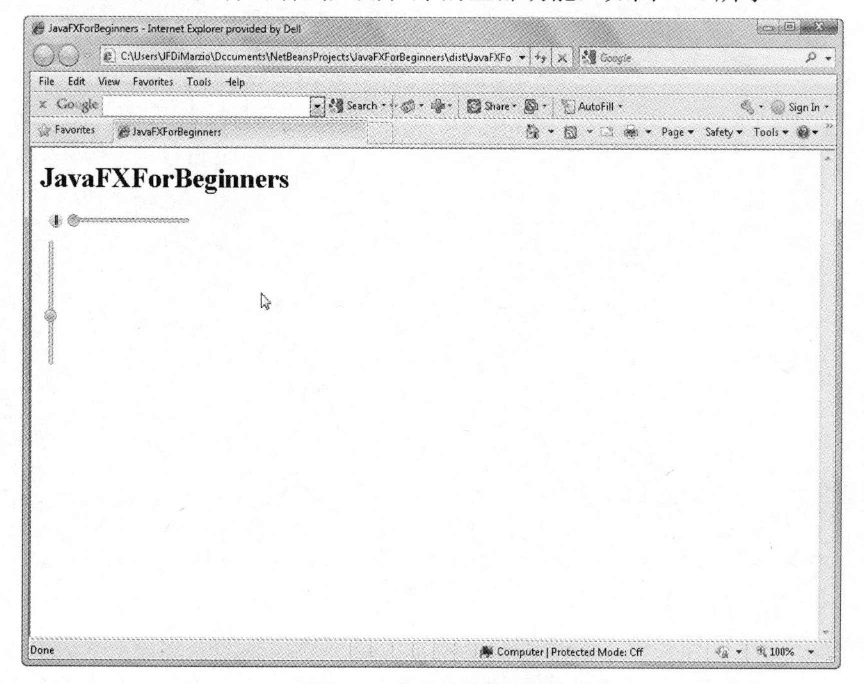

图 A-4 发布的应用程序

在附录 A 中我们学习了编译和创建脚本文件的方法，可使生成后的文件在 NetBeans IDE 之外执行。正如所看到的，发布过程非常简单，而这增加了 JavaFX 的可用性和可访问性。

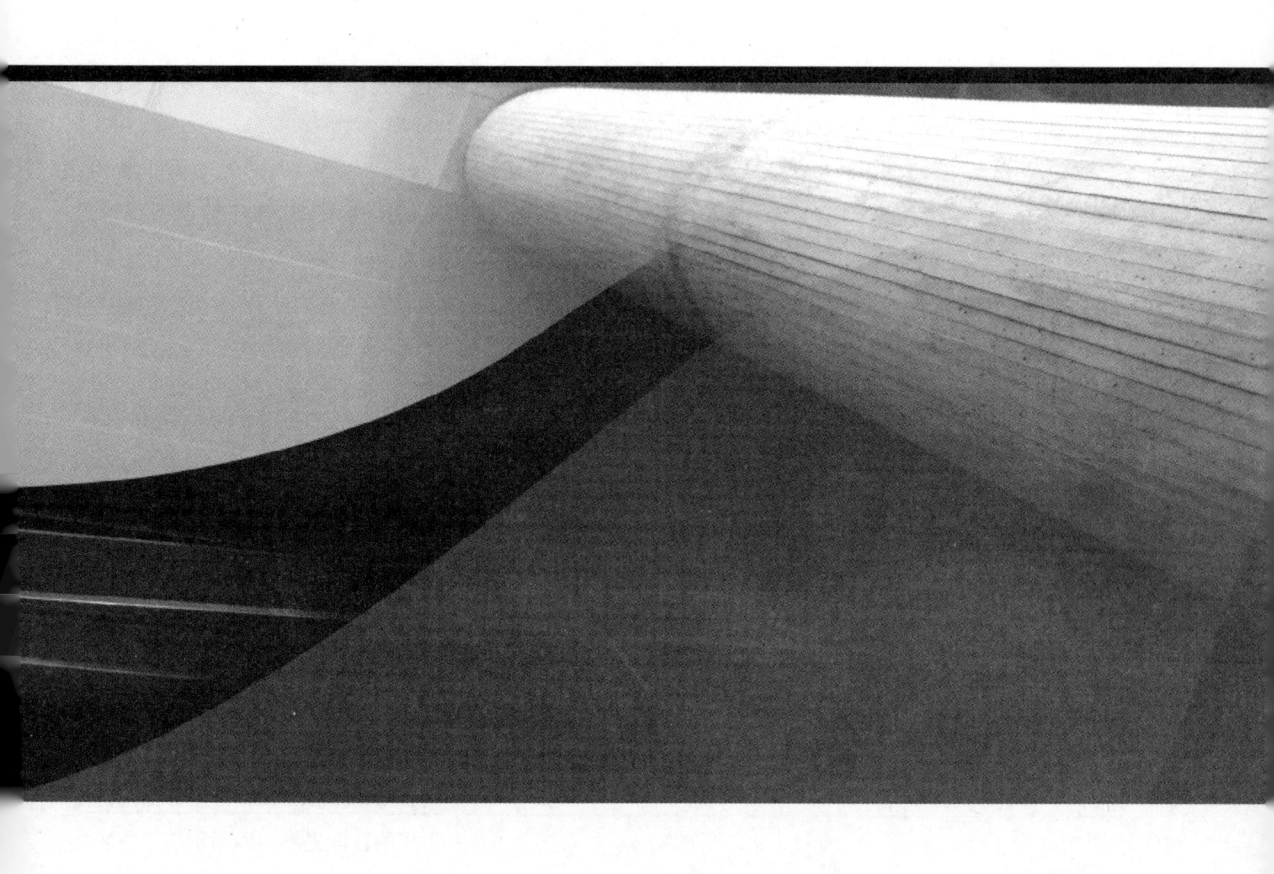

附录 B

节点属性参考

本附录的目的是补充一些本书的正文中没有提供的特定信息。附录中的第一节提供了正文未涉及到的节点属性参考。

B.1 节点属性

本书学习的大部分知识都是基于 JavaFX Node 类。从使用鼠标事件到创建自定义节点，可看出 JavaFX 是真正围绕 Node 的语言。项目中使用的大多数对象都是围绕 Node 类创建，因此也继承了 Node 所有的属性。

在这些继承自 Node 的对象中，我们真正用到的 Node 属性只是一小部分。为了更好地了解这门语言，我们应该熟悉所有 Node 的属性，因此它们经常出现在所使用的对象中。

幸运的是 JavaFX docs 提供了很多 Node 的属性参考。表 B-1 列出了继承自 Node 的所有属性。

表 B-1 节点属性

属 性	类 型	默 认 值	说 明
blocksMouse	Boolean	false	如果为 true，则此属性消费该节点鼠标事件，不将其发送到 Scene 界面的其他节点
boundsInLocal	Rectangle2D		节点的矩形边界位于不能变换的节点局部坐标空间
boundsInParent	Rectangle2D		包含其改变的节点矩形边界
boundsInScene	Rectangle2D		节点的矩形边界位于包含该节点的 javafx.scene.Scene 的坐标空间内
cache	Boolean	false	系统的性能提示，以指示该节点应该缓存为位图
clip	Node	null	指定一个节点用来定义此节点裁剪形状
cursor	Cursor	null	为节点及子节点定义鼠标光标
disable	Boolean	false	设置单个节点的失效状态
disabled	Boolean	false	指示该节点是否为失效状态
effect	Effect	null	为该节点指定特效
focusable	Boolean	true	指定该节点是否应接受输入焦点
focused	Boolean	false	指示该节点是否为当前输入焦点属主
hover	Boolean	false	指示该节点是否可以悬停
id	String	空字符串	节点的 ID
layoutBounds	Rectangle2D		节点边界，用于计算该节点的手动和自动布局
onKeyPressed	function(:KeyEvent):Void		定义一个函数，当节点有输入焦点和按下一个键时调用它
onKeyReleased	function(:KeyEvent):Void		定义一个函数，当节点有输入焦点和释放一个键时调用它

(续表)

属　性	类　型	默 认 值	说　明
onKeyTyped	function(:KeyEvent):Void		定义一个函数，当节点有输入焦点和输入内容时调用它
onMouseClicked	function(:MouseEvent):Void		定义一个函数，当在节点上单击鼠标按键时(按下和释放)调用它
onMouseDragged	function(:MouseEvent):Void		定义一个函数，当在节点上按下鼠标按键并移动时调用它
onMouseEntered	function(:MouseEvent):Void		定义一个函数，当鼠标进入节点时调用它
onMouseExited	function(:MouseEvent):Void		定义一个函数，当鼠标离开节点时调用它
onMouseMoved	function(:MouseEvent):Void		定义一个函数，当鼠标光标移动到节点内并且没有按下任何按键时调用它
onMousePressed	function(:MouseEvent):Void		定义一个函数，当在节点上按下鼠标按键时调用它
onMouseReleased	function(:MouseEvent):Void		定义一个函数，当在节点上释放鼠标按键时调用它
onMouseWheelMov-ed	function(:MouseEvent):Void		定义一个函数，当鼠标滚轮移动时调用它
opacity	Number	1.0	指定节点外观的不透明度
parent	Node	null	该节点的父类
pressed	Boolean	false	指示节点是否被按下
rotate	Number	0.0	定义沿节点中心旋转的角度，单位为度数
scaleX	Number	1.0	定义对象中心沿 X 轴变换的比例因子
scaleY	Number	1.0	定义对象中心沿 Y 轴变换的比例因子
scene	Scene	null	指示该节点所在的 Scene 对象
style	String	空字符串	字符串表示法，代表关联到特定节点的 CSS 样式
styleClass	String	空字符串	专门为一个外部的样式引擎提供的用于根据逻辑定义为节点分组的字符串标识符

(续表)

属　　性	类　　型	默 认 值	说　　明
transforms	Transform[]	空	定义用于节点的 javafx.scene .transform .Transform 对象的序列
translateX	Number	0	定义的 X 轴坐标转换，用于增加到节点的坐标变换
translateY	Number	0	定义的 Y 轴坐标转换，用于增加到节点的坐标变换
visible	Boolean	true	指定该节点以及其子节点是否作为 Scene 界面的一部分进行渲染

下一节内容是第 9 章中没有涉及到的鼠标事件。

B.2 鼠标事件

第9章中已经学过一些JavaFX提供的鼠标事件，为了使新手能更好地学习逻辑事件，我们省略了一些事件。表 B-2 中列出了所有的鼠标事件。

表 B-2 鼠标事件

事　　件	类　　型	说　　明
altDown	Boolean	在该事件中是否按下 Alt 键
button	MouseButton	如果存在，那么哪个鼠标按钮改变了状态
clickCount	Integer	与事件相关联的鼠标点击的次数
controlDown	Boolean	在该事件中是否按下 Ctr 键
dragAnchorX	Number	如果 MouseEvent 是按下-拖拉-释放动作的一部分，它代表最近一次 Press 事件的初始 x 位置，否则值为 0
dragAnchorY	Number	如果 MouseEvent 是按下-拖拉-释放动作的一部分，它代表最近一次 Press 事件的初始 y 位置，否则值为 0
dragX	Number	如果 MouseEvent 是按下-拖拉-释放动作的一部分，它代表相对于最近一次 Press 事件的 x 轴偏移量，否则值为 0
dragY	Number	如果 MouseEvent 是按下-拖拉-释放动作的一部分，它代表相对于最近一次 Press 事件的 y 轴偏移量，否则值为 0

(续表)

事　件	类　型	说　明
metaDown	Boolean	在该事件中 Meta 修饰符是否按下
middleButtonDown	Boolean	如果当前中间键(按钮 2)按下，设置该值为 true
node	Node	事件发生的节点
popupTrigger	Boolean	鼠标事件是否为平台的弹出菜单触发器
primaryButtonDown	Boolean	如果当前按下第一个按键(按钮 1，通常的左键)，设置该值为 true
sceneX	Number	相对于包含鼠标事件节点的原始 Scene 对象的事件水平位置 x 坐标
sceneY	Number	相对于包含鼠标事件节点的原始 Scene 对象的事件垂直位置 y 坐标
screenX	Number	事件的水平位置绝对 x 坐标
screenY	Number	事件的垂直位置绝对 y 坐标
secondaryButtonDown	Boolean	如果当前按下第三个按键(按钮 3，通常的右键)，设置该值为 true
shiftDown	Boolean	该事件中 shift 键是否按下
wheelRotation	Number	鼠标滚轮旋转时单击的次数
x	Number	相对于原始鼠标事件节点的事件水平位置 x 坐标
y	Number	相对于原始鼠标事件节点的事件垂直位置 y 坐标

下一节内容是第 9 章没有涉及到的另外一些键码。

B.3 键码

键码是在键盘事件中用来识别按下了键盘中的哪个键。但是第 9 章中没有足够的篇幅来讲解 200 多个键码，所以这里的键码参考是很有用的。表 B-3 列出了 JavaFX 所有的键码。

说明：

这些键并非都是计算机的 QWERTY 键盘，有些是播放器，手机以及其他设备的按键。

表 B-3 键码

值	类 型	说 明
VK_0	public static final	数字键 0
VK_1	public static final	数字键 1
VK_2	public static final	数字键 2
VK_3	public static final	数字键 3
VK_4	public static final	数字键 4
VK_5	public static final	数字键 5
VK_6	public static final	数字键 6
VK_7	public static final	数字键 7
VK_8	public static final	数字键 8
VK_9	public static final	数字键 9
VK_A	public static final	字母键 A
VK_B	public static final	字母键 B
VK_C	public static final	字母键 C
VK_D	public static final	字母键 D
VK_E	public static final	字母键 E
VK_F	public static final	字母键 F
VK_G	public static final	字母键 G
VK_H	public static final	字母键 H
VK_I	public static final	字母键 I
VK_J	public static final	字母键 J
VK_K	public static final	字母键 K
VK_L	public static final	字母键 L
VK_M	public static final	字母键 M
VK_N	public static final	字母键 N
VK_O	public static final	字母键 O
VK_P	public static final	字母键 P
VK_Q	public static final	字母键 Q
VK_R	public static final	字母键 R
VK_S	public static final	字母键 S
VK_T	public static final	字母键 T
VK_U	public static final	字母键 U
VK_V	public static final	字母键 V

(续表)

值	类 型	说 明
VK_W	public static final	字母键 W
VK_X	public static final	字母键 X
VK_Y	public static final	字母键 Y
VK_Z	public static final	字母键 Z
VK_ACCEPT	public static final	接受或提交功能键常数
VK_ADD	public static final	加号
VK_AGAIN	public static final	某些设备使用的重复键
VK_ALL_CANDIDATES	public static final	所有的候选功能键常数
VK_ALPHANUMERIC	public static final	字母数字功能键常数
VK_ALT	public static final	alt 键
VK_ALT_GRAPH	public static final	AltGraph 功能键常数
VK_AMPERSAND	public static final	&键
VK_ASTERISK	public static final	*键
VK_AT	public static final	@键常数
VK_BACK	public static final	后退键
VK_BACK_QUOTE	public static final	引号键
VK_BACK_SLASH	public static final	反斜杠(\)常数
VK_BACK_SPACE	public static final	BACKSPACE 键
VK_BEGIN	public static final	开始键常数
VK_BRACELEFT	public static final	左括号
VK_BRACERIGHT	public static final	右括号
VK_CANCEL	public static final	取消键
VK_CAPS	public static final	CAPS LOCK 键
VK_CHANNEL_DOWN	public static final	频道下键
VK_CHANNEL_UP	public static final	频道上键
VK_CIRCUMFLEX	public static final	插入符(^)键常数
VK_CLEAR	public static final	清除键
VK_CLOSE_BRACKET	public static final	右中括号键(])常数
VK_CODE_INPUT	public static final	代码输入键常数
VK_COLON	public static final	冒号键(：)常数
VK_COLORED_KEY_0	public static final	彩色键 0
VK_COLORED_KEY_1	public static final	彩色键 1

(续表)

值	类　型	说　明
VK_COLORED_KEY_2	public static final	彩色键 2
VK_COLORED_KEY_3	public static final	彩色键 3
VK_COMMA	public static final	逗号(,)键常数
VK_COMPOSE	public static final	输入方法的开关键常数
VK_CONTEXT_MENU	public static final	Microsoft 环境菜单键常数
VK_CONTROL	public static final	CTRL 键
VK_CONVERT	public static final	翻转功能键常数
VK_COPY	public static final	复制
VK_CUT	public static final	剪切
VK_DEAD_ABOVEDOT	public static final	
VK_DEAD_ABOVERING	public static final	
VK_DEAD_ACUTE	public static final	
VK_DEAD_BREVE	public static final	
VK_DEAD_CARON	public static final	
VK_DEAD_CEDILLA	public static final	
VK_DEAD_CIRCUMFLEX	public static final	
VK_DEAD_DIAERESIS	public static final	
VK_DEAD_DOUBLEACUTE	public static final	
VK_DEAD_GRAVE	public static final	
VK_DEAD_IOTA	public static final	
VK_DEAD_MACRON	public static final	
VK_DEAD_OGONEK	public static final	
VK_DEAD_SEMIVOICED_SOUND	public static final	
VK_DEAD_TILDE	public static final	
VK_DEAD_VOICED_SOUND	public static final	
VK_DECIMAL	public static final	十位数
VK_DELETE	public static final	DELETE 键
VK_DIVIDE	public static final	除号键
VK_DOLLAR	public static final	美元符($)键常数
VK_DOWN	public static final	非数字键盘下箭头键常数
VK_EJECT_TOGGLE	public static final	弹出按键
VK_END	public static final	END 键

(续表)

值	类　型	说　明
VK_ENTER	public static final	ENTER 键
VK_EQUALS	public static final	等号键(=)常数
VK_ESCAPE	public static final	Esc 键
VK_EURO_SIGN	public static final	欧元符键常数
VK_EXCLAMATION_MARK	public static final	感叹号键(!)常数
VK_F1	public static final	功能键 F1 常数
VK_F10	public static final	功能键 F10 常数
VK_F11	public static final	功能键 F11 常数
VK_F12	public static final	功能键 F12 常数
VK_F13	public static final	功能键 F13 常数
VK_F14	public static final	功能键 F14 常数
VK_F15	public static final	功能键 F15 常数
VK_F16	public static final	功能键 F16 常数
VK_F17	public static final	功能键 F17 常数
VK_F18	public static final	功能键 F18 常数
VK_F19	public static final	功能键 F19 常数
VK_F2	public static final	功能键 F2 常数
VK_F20	public static final	功能键 F20 常数
VK_F21	public static final	功能键 F21 常数
VK_F22	public static final	功能键 F22 常数
VK_F23	public static final	功能键 F23 常数
VK_F24	public static final	功能键 F24 常数
VK_F3	public static final	功能键 F3 常数
VK_F4	public static final	功能键 F4 常数
VK_F5	public static final	功能键 F5 常数
VK_F6	public static final	功能键 F6 常数
VK_F7	public static final	功能键 F17 常数
VK_F8	public static final	功能键 F8 常数
VK_F9	public static final	功能键 F9 常数
VK_FAST_FWD	public static final	快进
VK_FINAL	public static final	输入法支持亚洲键盘常数
VK_FIND	public static final	搜索

(续表)

值	类　型	说　明
VK_FULL_WIDTH	public static final	全角字符功能键常数
VK_GAME_A	public static final	游戏控制 A
VK_GAME_B	public static final	游戏控制 B
VK_GAME_C	public static final	游戏控制 C
VK_GAME_D	public static final	游戏控制 D
VK_GREATER	public static final	大于号键
VK_HALF_WIDTH	public static final	半角字符功能键常数
VK_HELP	public static final	帮助
VK_HIRAGANA	public static final	平假名功能键常数
VK_HOME	public static final	Home 键
VK_INFO	public static final	info 键
VK_INPUT_METHOD_ON_OFF	public static final	输入法开关键常数
VK_INSERT	public static final	insert 键
VK_INVERTED_ EXCLAMATION_MARK	public static final	倒置惊叹号键常数
VK_JAPANESE_HIRAGANA	public static final	日文平假名功能键常数
VK_JAPANESE_KATAKANA	public static final	日文片假名功能键常数
VK_JAPANESE_ROMAN	public static final	日文罗马字功能键常数
VK_KANA	public static final	
VK_KANA_LOCK	public static final	锁定假名功能键常数
VK_KANJI	public static final	
VK_KATAKANA	public static final	片假名功能键常数
VK_KP_DOWN	public static final	数字键盘下箭头键常数
VK_KP_LEFT	public static final	数字键盘左箭头键常数
VK_KP_RIGHT	public static final	数字键盘右箭头键常数
VK_KP_UP	public static final	数字键盘上箭头键常数
VK_LEFT	public static final	非数字键盘左箭头键常数
VK_LEFT_PARENTHESIS	public static final	(( )键常数
VK_LESS	public static final	小于号键
VK_META	public static final	
VK_MINUS	public static final	减号键(−)常数
VK_MODECHANGE	public static final	
VK_MULTIPLY	public static final	乘号

(续表)

值	类　型	说　明
VK_MUTE	public static final	静音
VK_NONCONVERT	public static final	不转换功能键常数
VK_NUM_LOCK	public static final	NUM LOCK 键
VK_NUMBER_SIGN	public static final	#键常数
VK_NUMPAD0	public static final	数字键盘 0 键
VK_NUMPAD1	public static final	数字键盘 1 键
VK_NUMPAD2	public static final	数字键盘 2 键
VK_NUMPAD3	public static final	数字键盘 3 键
VK_NUMPAD4	public static final	数字键盘 4 键
VK_NUMPAD5	public static final	数字键盘 5 键
VK_NUMPAD6	public static final	数字键盘 6 键
VK_NUMPAD7	public static final	数字键盘 7 键
VK_NUMPAD8	public static final	数字键盘 8 键
VK_NUMPAD9	public static final	数字键盘 9 键
VK_OPEN_BRACKET	public static final	右中括号键([)常数
VK_PAGE_DOWN	public static final	PAGE DOWN 键
VK_PAGE_UP	public static final	PAGE UP 键
VK_PASTE	public static final	粘贴
VK_PAUSE	public static final	暂停(PAUSE)
VK_PERIOD	public static final	句号键常量(。)
VK_PLAY	public static final	播放
VK_PLUS	public static final	加号键(+)常量
VK_POUND	public static final	英镑符号
VK_POWER	public static final	电源开关按钮
VK_PREVIOUS_CANDIDATE	public static final	前一个候选功能键常数
VK_PRINTSCREEN	public static final	PRINT SCREEN
VK_PROPS	public static final	
VK_QUOTE	public static final	单引号
VK_QUOTEDBL	public static final	双引号
VK_RECORD	public static final	录制
VK_REWIND	public static final	倒带
VK_RIGHT	public static final	非数字键盘右箭头键常数
VK_RIGHT_PARENTHESIS	public static final	右括号键常数

(续表)

值	类　型	说　明
VK_ROMAN_CHARACTERS	public static final	罗马字符功能键常数
VK_SCROLL_LOCK	public static final	SCROLL LOCK 键
VK_SEMICOLON	public static final	分号键(；)常数
VK_SEPARATOR	public static final	数字键分隔符键常数
VK_SHIFT	public static final	SHIFT 键
VK_SLASH	public static final	斜线键(/)常数
VK_SOFTKEY_0	public static final	
VK_SOFTKEY_1	public static final	
VK_SOFTKEY_2	public static final	
VK_SOFTKEY_3	public static final	
VK_SOFTKEY_4	public static final	
VK_SOFTKEY_5	public static final	
VK_SOFTKEY_6	public static final	
VK_SOFTKEY_7	public static final	
VK_SOFTKEY_8	public static final	
VK_SOFTKEY_9	public static final	
VK_SPACE	public static final	空格
VK_STAR	public static final	拨号键盘开始键
VK_STOP	public static final	停止键
VK_SUBTRACT	public static final	减号
VK_TAB	public static final	TAB 键
VK_TRACK_NEXT	public static final	下一个键
VK_TRACK_PREV	public static final	上一个键
VK_UNDEFINED	public static final	用于指示未知键码
VK_UNDERSCORE	public static final	下划线(_)键常数
VK_UNDO	public static final	撤销
VK_UP	public static final	非数字键盘上箭头键常数
VK_VOLUME_DOWN	public static final	音量减
VK_VOLUME_UP	public static final	音量增
VK_WINDOWS	public static final	Microsoft Windows“Windows”键

下面内容是关于第 12 章没有涉及到的媒体播放器属性。

B.4 媒体播放器属性

第 12 章已经学习过媒体播放器的相关知识以及它的作用，但是那只是很少一部分知识。表 B-4 列出了媒体播放器所有可用的属性。

表 B-4 媒体播放器属性

属 性	类 型	说 明
autoplay	Boolean	如果为 true，可尽快开始播放
balance	Number	定义输出音频的平衡或左右声道设定
bufferProgressTime	Duration	对于缓冲流来说，当前缓冲区位置表示在媒体播放器可以流畅播放多少媒体
currentCount	Number	定义当前媒体重复播放的次数
currentTime	Duration	当前媒体时间，用来指示当前位置，或跳到填写的时间位置
enabledTracks	Track[]	媒体播放器当前可用的节目序列
fader	Number	音量控制器，对 4 +声道输出音频输出的前进或后退设置
media	Media	定义要播放的媒体源
mute	Boolean	设置为 true 时，播放器静音(false 反之)
onBuffering	function(:Duration):Void	此属性未实现，并可能在将来的版本淘汰掉
onEndOfMedia	function():Void	当播放器的 currentTime 到达 stopTime 时不再重复
onError	function(:MediaError):Void	当播放器发生 MediaError 时调用 onError 函数
onRepeat	function():Void	播放器到达 stopTime 时将重复播放
onStalled	function(:Duration):Void	此属性未实现，并可能在将来的版本淘汰掉
paused	Boolean	指示播放器是否暂停，无论是程序，还是用户或者媒体播放完所导致
rate	Number	定义媒体播放的速率

(续表)

属　性	类　型	说　明
repeatCount	Number	定义媒体播放的次数
startTime	Duration	当重复播放时，定义媒体播放或重新播放的时间偏移量
status	Integer	反映媒体播放器当前状态
stopTime	Duration	当播放器重复播放时，定义媒体停止播放或重新播放的时间偏移量
supportsMultiViews	Boolean	指示播放器是否支持多视角
timers	MediaTimer[]	播放器媒体计时器序列
volume	Number	定义正在播放的媒体的音量

附录 C

JavaFX 命令行参数

在本书中我们都使用 NetBeans IDE 来编译和运行脚本和应用程序。这是一种非常方便的开发模式，也是最常用的。大多数基于图形式开放系统的开发人员都使用基于图形的 IDE 来开发自己的产品。

JavaFX 和多数 Java 产品一样也配备了两个功能强大的命令行工具，用于编译和执行脚本。本附录提供了部分 JavaFX 命令行工具的功能参考。

以下是两个 javafx 的命令行主要工具及其用途：

```
javafx：用于在命令行执行 javafx 应用程序
```

javafxc：用于在命令行编译 javafx 脚本

下面的内容解释了这些工具的用途。参考这些内容有助于我们更好地使用命令行功能。本附录的第一节简要描述了使用 JavaFX 命令行工具之前要做的环境配置。

C.1 命令行环境

如果你是从本书的第 1 章开始学起的，并且成功的安装了 JavaFX 环境，那么你的计算机已经正确的配置好了命令行工具的环境。安装 JavaFX 环境的同时也就安装了命令行工具，实际上 NetBeans 和 Eclipse 使用的命令行工具和你将要使用的是同一个工具包。

如果不是从本书的开头学起，并且不确定是否设置好了命令行工具环境，那么按如下步骤设置：

(1) 如果没有安装 JavaFX 环境，那么安装它。毫无疑问，使用任何 JavaFX 命令行工具之前都需安装 JavaFX 环境。安装 JavaFX 的过程中可以设置环境变量。

(2) 检查 Path 语句。JavaFX 命令行工具需要用户正确的建立 Path 语句。要检查 Path 语句是否正确，在命令行窗口输入 Path 命令，内容如下：

```
C:\>path
PATH=C:\Program Files\JavaFX\javafx-sdk1.3\bin;C:\Program Files
\JavaFX\javafx-sdk1.3\emulator\bin;c:\program
files\java\jdk1.6.0_13\bin\;
```

为确保将环境设置为可使用 javafx 命令行工具，路径设置如下所示：

```
C:\Program Files\JavaFX\javafx-sdk1.3\bin;
```

说明：

该路径假设将 JavaFX 安装在默认位置。如果在安装 JavaFX 过程中选择不同的位置，那么路径应该是指向这个位置的。

说明：

所有的命令行工具都包含在 javaFX 安装路径的 bin 文件中。

(3) 如果 Path 语句没有包含 javaFX 的 bin 文件夹的路径，需要把它添加上。添加 Path 语句的命令如下所示：

```
C:\> set path=C:\Program Files\JavaFX\javafx-sdk1.3\bin; %PATH%
```

说明：

set path 命令最后的%PATH%字符告诉系统在新的一行后插入已经存在的任何 path 变量，如果不包括这些字符，那么所有现存的路径都被新的替换。

正确配置环境后，就可以开始使用命令行工具了。

C.2　javafxc 命令

javafxc 命令行工具用于将 JavaFX 脚本编译成可执行应用程序。运行该工具所需的唯一参数就是待编译文件的名称。下面的示例是编译文件 HelloWorld.fx 的过程：

说明：
可使用第 3 章创建的 HelloWorld 文件来帮助学习该示例。

```
C:\>javafxc HelloWorld.fx
```

这个简单的命令就可编译脚本文件。尽管编译一个文件只需要一个参数，但是还可使用 javafxc 工具的几个其他选项。下面列出这些选项并解释其用途。

参数：

```
-g
```

解释：
生成所有调试信息

示例：

```
C:\>javafxc -g HelloWorld.fx
```

参数：

```
-g:none
```

解释：
不生成调试信息

示例：

```
C:\>javafxc -g:none HelloWorld.fx
```

参数：

```
-g:{lines,vars,source}
```

解释：
仅生成部分调试信息

示例：

```
C:\>javafxc -g:{33,34,35,36} HelloWorld.fx
```

参数：

```
-nowarn
```

解释：
不生成警告

示例：

```
C:\>javafxc -nowarn HelloWorld.fx
```

参数：

```
-verbose
```

解释：
输出编译器工作的信息

示例：

```
C:\>javafxc -verbose HelloWorld.fx
```

参数：

```
-deprecation
```

解释：
输出使用的过时 API 的源位置

示例：

```
C:\>javafxc -deprecation HelloWorld.fx
```

参数：

```
-classpath
```

解释：
指定用户类文件位置

示例：

```
C:\>javafxc -classpath "C:\MyClasses" HelloWorld.fx
```

参数：

```
-cp
```

解释：
指定用户类文件位置

示例：

```
C:\>javafxc -cp "C:\MyClasses" HelloWorld.fx
```

参数：

```
-sourcepath
```

解释：
指定输入源文件位置

示例：

```
C:\>javafxc -sourcepath "C:\MySource" HelloWorld.fx
```

参数：

```
-bootclasspath
```

解释：
覆盖自举类文件位置

示例：

```
C:\>javafxc -bootclasspath "C:\MyClasses" HelloWorld.fx
```

参数：

```
-extdirs
```

解释：
覆盖安装的扩展包位置

示例：

```
C:\>javafxc -extdirs "C:\MyExtensions" HelloWorld.fx
```

参数：

```
-endorseddirs
```

解释：
覆盖 endorsed 标准路径位置

示例：

```
C:\>javafxc -endorseddirs "C:\MyStandards" HelloWorld.fx
```

参数：

```
-d
```

解释：
指定生成类文件位置

示例：

```
C:\>javafxc -d "C:\MyFinalBuild" HelloWorld.fx
```

参数：

```
-implicit:
```

解释：
指定隐式引用的文件是否生成类文件

示例：

```
C:\>javafxc -implicit:none HelloWorld.fx
```

参数：

```
-encoding
```

解释：
指定源文件使用的字符编码

示例：

```
C:\>javafxc -encoding "UTF-8" HelloWorld.fx
```

参数：

```
-target
```

解释：
生成专门的 VM 版本的类文件

示例：

```
C:\>javafxc -target "1.5" HelloWorld.fx
```

参数：

```
-platform
```

解释：
平台翻译器插件

示例：

```
C:\>javafxc -platform "active" HelloWorld.fx
```

参数：

```
-version
```

解释：
版本信息

示例：

```
C:\>javafxc -version
```

参数：

```
-help
```

解释：
打印标准选项的简介

示例：

```
C:\>javafxc -help
```

参数：

```
-X
```

解释：
打印非标准选项的简介

示例：

```
C:\>javafxc -X
```

C.3 javafx 命令

javafx 命令行工具用于执行已经编译好的 JavaFX 应用程序。和 javafxc 命令一样，javafx 也有许多可选的参数。

> **说明：**
> javafx 命令行工具可以执行.class 文件和.jar 文件。下面的示例中使用.class 文件。

参数：

```
-d32
```

解释：
如果可以，使用 32 位数据模型

示例：

```
C:\>javafx -d32 HelloWorld
```

参数：

```
-d64
```

解释：
如果可以，使用 64 位数据模型

示例：

```
C:\>javafx -d64 HelloWorld
```

参数：

```
-client
```

解释：
如果可以，选择客户端 VM

示例：

```
C:\>javafx -client HelloWorld
```

参数：

```
-server
```

解释：
如果可以，选择服务器 VM

示例：

```
C:\>javafx -server HelloWorld
```

参数：

```
-cp
```

解释：
类搜索 ZIP/JAR 文件目录路径

示例：

```
C:\>javafx -cp "C:\MyClasses" HelloWorld
```

参数：

```
-classpath
```

解释：
类搜索目录和 ZIP/JAR 文件的路径

示例：

```
C:\>javafx -classpath "C:\MyClasses" HelloWorld
```

参数：

```
-D
```

解释：
设置系统属性

示例：

```
C:\>javafx -D HelloWorld.property = "value" HelloWorld
```

参数：

```
-verbose
```

解释：
允许 verbose 输出

示例：

```
C:\>javafx -verbose HelloWorld
```

参数：

```
-version
```

解释：
打印产品版本并退出

示例：

```
C:\>javafx -version
```

参数：

```
-version:<value>
```

解释：
需运行特定版本 JRE

示例：

```
C:\>javafx -version:1.3 HelloWorld
```

参数：

```
-showversion
```

解释：
打印产品版本并继续

示例：

```
C:\>javafx -showversion
```

参数：

```
-jre-restrict-search | -jre-no-restrict-search
```

解释：
在版本搜索中包括或排除用户私有 JREs

示例：

```
C:\>javafx -jre-restrict-search HelloWorld
```

参数：

```
-? -help
```

解释：
打印帮助选项

示例：

```
C:\>javafx -?
```

参数：

```
-X
```

解释：
打印非标准选项帮助

示例：

```
C:\>javafx -X
```

参数：

```
-ea
```

解释：
启用断言指定的粒度

示例：

```
C:\>javafx -ea:com.test.package HelloWorld
```

参数：

```
    -enableassertions
```

解释：
启用断言指定的粒度

示例：

```
C:\>javafx -enableassertions:com.test.package HelloWorld
```

参数：

```
      -da
```

解释：
禁用断言指定的粒度

示例：

```
C:\>javafx -da:com.test.package HelloWorld
```

参数：

```
            -disableassertions
```

解释：
禁用断言指定的粒度

示例：

```
C:\>javafx -disableassertions:com.test.package HelloWorld
```

参数：

```
-esa | -enablesystemassertions
```

解释：
启用系统断言

示例：

```
C:\>javafx -esa HelloWorld
```

参数：

```
-dsa | -disablesystemassertions
```

解释:
禁用系统断言

示例:

```
C:\>javafx -dsa HelloWorld
```

参数:

```
-agentlib
```

解释:
加载原生代理库

示例:

```
C:\>javafx -agentlib:hprof HelloWorld
```

参数:

```
-agentpath
```

解释:
按全路径名加载原生代理库

示例:

```
C:\>javafx -agentpath:C:\MyAgentPath HelloWorld
```

参数:

```
-splash
```

解释:
使用指定的图像显示启动画面

示例:

```
C:\>javafx -splash:Myslash.png HelloWorld
```

附录 D

自测题答案

第 1 章

1. 本书中使用到的开源开发环境叫什么？

NetBeans。

2. 应该下载适合所有开发人员的 NetBeans，正确还是错误？

错误，只需下载支持开发 JavaFX 的版本。

3. 已经安装过 JRE，如果需要 Java JDK 将会自动安装，正确还是错误？

正确。

4. NetBeans 安装过程中，哪个设置可以接受默认值？

NetBeans IDE 的默认路径 和 Java JDK 的安装路径。

5. Java JDK 和 JavaFX SDK 之间有何区别？

Java JDK 是用来开发和编译 Java 程序的。JavaFX SDK 是基于 Java JDK 的用于 JavaFX 开发。

6. NetBeans 起始页的作用是什么？

NetBeans 起始页的作用是提供 JavaFX 和 NetBeans 开发的相关技巧和新闻。

7. 使用 NetBeans 前必须注册成功，正确还是错误？

错误。

8. 哪个网站提供 NetBeans？

www.netbeans.org。

9. 指出其他两个和 JavaFX 功能相似的应用程序的名称？

Adobe Flash 和 Microsoft Silverlight。

10. JavaFX 可以在桌面、web 还有什么平台上进行编译？

手机和电视。

第 2 章

1. 列出所有项目的框架叫什么名字？

Projects。

2. 用于创建新 JavaFX 项目的向导名称是什么？

New JavaFX Project Wizard。

3. 命名空间的另一个名称是什么？

程序包。

4. NetBeans IDE 中哪个面板能浏览代码示例?

Palette 面板。

5. 代码段面板中包含了预定义的可重用的代码，正确还是错误？

错误，Palette 面板包含了预定义的可重用的代码。

6. JavaFX 脚本文件的扩展名是什么？

.fx。

7. JavaFX 脚本中 Package 是什么类型的词？

关键字，或保留字。

8. 脚本的每一行必须使用句号结束，正确还是错误？

错误，代码行结束使用分号。

9. 注释的开始和结束使用哪个字符？

/* 和 */。

10. `title: "MyApp"`以下是何种类型的变量或属性？

名值对。

第 3 章

1. Text 节点中需要定义的 4 个基本属性是什么？

font (size)、x position、y position 和 content 属性。

2. Palette 菜单的哪一项能找到 Text 节点？

Basic Shapes。

3. 脚本按 Desktop 应用程序运行要使用哪个 Run 配置？

<default>。

4. 创建函数时在哪里指定输入参数？

函数名后的参数列表里。

5. 函数名 MyFunction 是按照正确的命名规范，正确还是错误？

错误，应该按照驼峰命名法并且使用描述性的动词。

6. 函数返回一个值要使用哪个关键字？

Return。

7. 请说出创建变量时要用到的两个关键字。

var 和 def。

8. 如何指定变量类型为字符串型？

var <variable name> :String。

9. 关键字 bind 用来绑定一个变量并使其不再变化，正确还是错误？

错误，Bind 是把值绑定到变量上。

10. 将 tooMuchText 变量绑定到 content 属性的语法是什么？

content: bind tooMuchText。

第 4 章

1. 绘制线条需要哪四个属性？

StartX、startY、endX 和 endY 属性。

2. 如何打开上下文菜单？

使用快捷键 CTRL-SPACE。

3. 属性后面可使用哪三个界定符？

逗号、分号和空白。

4. 绘制图形时线条的粗细用哪个属性控制？

strokeWidth 属性。

5. 绘制折线时需要引入哪个程序包？

jaxafx.scene.shape.Polyline。

6. Polyline 元件的 points 属性需要指定什么类型的值？

数组型值。

7. Rectangle 元件的 height 属性值是从起始点到矩形顶部的像素数，正确还是错误？

错误，height 属性值是从起始点到矩形底部的像素数。

8. Rectangle 元件的 fill 属性默认值是什么？

Color.BLACK。

9. radiusX 和 radiusY 属性包括了半径延伸的点，正确还是错误？

错误，radiusX 和 radiusY 分别代表沿 x 轴和 y 轴的半径长度。

10. 哪个属性设置圆的半径？

radius 属性。

第 5 章

1. Color 类有多少种预定义颜色?

148 种。

2. Color 类使用混合色有哪三种方法?

Color.rgb、Color.hsb 和 Color.web。

3. RGB 代表反射、渐变和模糊，正确还是错误？

错误，RGB 代表红色，绿色和蓝色。

4. Hue(色调)可接受的值范围是多少?

0~360。

5. LinearGradients 的代码在哪个程序包中?

javafx.scene.paint.LinearGradient 程序包。

6. 比例参数的默认值是什么?

true。

7. 当比例参数设定为 true 时 startX 参数可接受的值是多少？

0~1。

8. stops 参数告诉渐变停止在哪个点的位置，正确还是错误？

错误，stops 参数是个颜色值数组并且指示在渐变中的位置。

9. 渐变色由两种以上颜色组成，正确还是错误？

正确。

10. 哪种渐变效果适合填充线性图形?

RadialGradients 效果。

第 6 章

1. 使用哪个节点显示图像？
ImageView 节点。
2. 能将图像写入 ImageView 节点的是哪个类？
Image()类。
3. Image 类可接受网页上的图像，正确还是错误？
正确。
4. {__DIR__}常量包含的值是什么？
程序包路径。
5. 使用 BackgroundImage loader 属性来实现后台加载图像，正确还是错误？
错误，设置 backgroundLoading 属性为 true。
6. 用于在 Adobe Photoshop 和 Illustrator 中导出图像的 JavaFX 工具是什么？
JavaFX Production Suite 工具。
7. 在脚本中通过名字访问图层必须在每个图层名前面加上 jfx:前缀，正确还是错误？
正确。
8. 从 FXZ 文件中载入图像要使用哪个节点?
FXDNode 节点。
9. FXZ 文件是一个压缩文件，包含了一些图像和定义，正确还是错误？
正确。
10. 加载图层使用哪个方法？
getNode()方法。

第 7 章

1. 如何为变量指定类型?
使用<type>符号。比如，使用: ImageView 将一个变量指定为 ImageView 型。
2. 哪个特效仅使节点的高对比区域发光？
Bloom 特效。
3. ColorAdjust 特效的参数如果没有指定，默认都是 0，正确还是错误？
错误，对比度默认值为 1。
4. 创建 GaussianBlur 特效需指定哪个参数？
Radius 参数。
5. Glow 特效和 Bloom 特效之间的区别是什么？
Glow 特效是应用于整个图像,而 Bloom 特效仅应用于图像中高对比度的区域。
6. DropShadow 特效不需要指定 radius 和 height/width 参数，正确还是错误？
正确。

7. 使图像中所有不透明的区域变得透明是哪个特效？

InvertMask 特效。

8. Lighting 特效有哪三种不同的灯光？

DistantLight、PointLight 和 SpotLight 三种。

9. 代码 `butterfly.rotate = 45`；能做什么？

将 butterfly 图像旋转 45 度。

10. 创建透视变换特效需指定多少个参数？

8 个。

第 8 章

1. 动画的节奏为什么很重要？

节奏是产生流畅动画效果的关键。

2. JavaFX 动画的计时器由什么控制?

时间轴。

3. 时间轴的参数是什么？

keyFrame 参数。

4. 时间轴是如何开始的？

使用.play()方法。

5. transition 关键字告诉时间轴创建关键帧之间的所有值，正确还是错误？

错误，tween 关键字创建关键帧之间的所有值。

6. 时间轴执行的次数是由什么参数控制的？

repeatCount 参数。

7. ClosePath()函数的作用是什么?

用于连接轨迹点并封闭路径(如果原来没有封闭的话)。

8. 路径是由什么组创建的？

Elements 组。

9. 由 Path 节点创建 AnimationPath 节点要用到哪个函数？

createFromPath()函数。

10. 哪种 OrientationType(朝向类型)类型将沿运动轨迹改变节点的朝向？

ORTHOGONAL_TO_TANGENT 类型。

第 9 章

1. onMouse*事件继承自什么类?

Node 类。

2. 何时触发 onMouseEntered 事件?

当鼠标指针进入事件附属的节点区域时触发上述事件。

3. 只有鼠标拖动时才触发 onMouseReleased 事件，正确还是错误？

正确。onMouseReleased 仅能在 onMousePressed 事件后发生 onMouseDragged 事件才能触发。

4. 任何 Node 类的子类都能捕获 onMouse*事件，正确还是错误？

正确。

5. 使用事件时，匿名函数的作用是什么？

匿名函数的作用是触发事件时立即执行一个动作。

6. 鼠标指针离开事件的所属节点时，将触发哪个鼠标事件？

onMouseExited 事件。

7. 用户使用键盘时将触发哪三个事件？

OnKeyPressed、onKeyReleased 和 onKeyTyped 三个事件。

8. 键盘事件触发的顺序是什么？

首先是 onKeyPressed 事件,其次是 onKeyTyped 事件，最后是 onKeyReleased 事件。

9. 什么属性能使节点接收焦点？

focusTraversable 属性。

10. 手机的导航键能触发 onKeyTyped 事件，正确还是错误？

错误。

第 10 章

1. 哪个程序包里有 JavaFX 的 swing 组件？

javafx.ext.swing 程序包。

2. JavaFX 的 swing 程序包里包含了所有 Java 可用的 swing 组件，正确还是错误？

错误，JavaFX swing 程序包仅包含 Java 可用的一个子集。

3. swing 组件可以使用 onMouse*和 onKey*事件吗？

可以，因为 JavaFX 的 swing 组件继承自 Node 类。

4. JavaFX 的字符串插值运算符是什么？

{和}字符。

5. SwingButton 组件的哪个属性能够持有当单击按钮时将执行的匿名函数？

Action 属性。

6. SwingButton 组件的哪个属性可用于改变按钮的形状？

Clip 属性。

7. SwingCheckBox 组件的 isChecked 属性表示选项是否被选中，正确还是错误？

错误，selected 属性表示选项是否被选中。

8. 哪个 swing 组件用于填充 SwingComboBox 组件？

SwingComboBoxItem 组件。

9. 如何将一个 SwingComboBoxItem 组件设定为默认选项？

设置 Selected 属性为 True。
10. SwingComboBox 组件中哪个属性表示 SwingComboBoxItem 组件被选中？
selectedItem 属性。

第 11 章

1. 怎样从一个类中得到其方法和属性并改变它们的默认动作和行为？
重写过程。
2. 当创建一个类时，使用什么关键字可使这个类继承另一个类的方法和属性？
extends 关键字。
3. 下面的例子中，对 YourDog.displayBreed 的调用将打印输出什么？

```
public class MyDog extends Dog{
override function displayBreed(){
println("Elkhound");
}
}
public class YourDog extends Dog{
}
```

输出 Elkhound 字样。
4. 确保文件全部在同一程序包中会使对它们的引用更容易些，正确还是错误？
正确。
5. 当一个类继承自另一个类时，仅重写的属性是可用的，正确还是错误？
错误，所有的属性和方法都可用。
6. 当一个属性改变时，什么触发器将执行？
on replace 触发。
7. 什么语句将判断一个表达式为真还是假，然后执行相应的代码？
if...else 语句。
8. 必须从脚本中调用自定义节点, 正确还是错误？
正确。
9. 创建自定义节点要继承哪个节点？
继承自 CustomNode 节点。
10. 重写 CustomNode 类的什么方法能将节点返回到主调脚本中？
create()方法。

第 12 章

1. 哪个节点可用于持有一个 MediaPlayer 节点？
MediaView 节点。

2. 哪个程序包含有播放媒体文件所需的所有节点？
javafx.scene.media 程序包。
3. MediaPlayer 节点的什么属性可实现一载入媒体文件就播放？
autoPlay 属性。
4. MediaPlayer 节点能播放什么格式的多媒体？
QuickTime 或 Windows Media Player 支持的媒体类型。
5. MediaPlayer 节点的什么属性可使媒体暂停播放？
pause()属性。
6. MediaPlayer.mediaLength()将提供媒体文件的总播放时间，正确还是错误？
错误，MediaPlayer.media.duration.toMillis()可以毫秒为单位地提供媒体文件的总播放时间。
7. MediaPlayer.currentTime 是什么类型？
Duration 型。
8. 绑定的什么类型允许双向更新？
binding with inverse 类型。
9. 使用逆向绑定可以直接绑定一个值，正确还是错误？
错误，要通过一个变量直接绑定。
10. 绑定 MediaPlayer 的什么属性可以控制播放的音量？
Volume 属性。

第 13 章

1. 在 Scene 对象中，哪种布局是水平组织节点的？
HBox 布局。
2. HBox 布局位于 javafx.scene.HBox 程序包中，正确还是错误？
错误，HBox 位于 javafx.scene.layout 程序包中。
3. 哪种属性可以持有布局组织的节点？
Content 属性。
4. 在一个布局中放置节点时，必须确认每个节点的 x、y 坐标位置，正确还是错误？
错误，布局会自己确定节点的 x、y 坐标。
5. 可以将特效应用于布局吗？
可以，因为布局继承自 Node 节点，所有它也能应用特效。
6. 在 Scene 对象中，哪种布局是垂直组织节点的？
VBox 布局。
7. 将结合多个布局进行组合从而产生一个新布局的术语叫什么？
嵌套布局。
8. 对于嵌套布局，其中一个布局必须从其他布局继承，正确还是错误？
错误，一个布局可以作为内容添加到其他布局中。

9. 只能将两个布局进行嵌套，正确还是错误？

错误，多个布局也可用于嵌套。

10. 除了 VBox 布局和 HBox 布局之外，请给出另外四个布局的名称。

ClipView、Flow、Stack 和 Tile 布局。

第 14 章

1. 什么是层叠样式表(CSS)？

层叠样式表是一种样式语言，允许从一个对象本身分离出自身的样式元素。

2. 层叠样式表的文件扩展名是什么？

.css。

3. 什么向导可为程序包创建和添加一个 CSS？

新文件向导。

4. 如果使用向导来创建自己的 CSS，默认添加什么类？

Root。

5. 创建一个应用于特定类型的所有节点的 CSS 时，这个类的名称应该是小写的节点类型名。正确还是错误？

正确。

6. 从一个 CSS 类中调用节点属性，应添加什么样的前缀？

-fx-字符。

7. Scene 对象的什么属性允许为脚本应用一个样式表？

styleSheets 属性。

8. 一个 Scene 对象仅能添加一个样式表，正确还是错误？

错误，可以为 Scene 对象添加多个样式表。

9. 节点的什么属性允许为节点指定一个特定的 CSS 类？

styleClass 节点。

10. 如果节点同时应用了基于节点类型的 CSS 类和 styleClass 属性，那么 styleClass 属性中的样式将重写基于节点类型的样式。正确还是错误？

正确。